글 린다 베르톨라 · 그림 아그네세 바루치

놀면서 즐겁게 배우는 수학?
할 수 있습니다. 반드시 해야 합니다!

아이들이 수학을 꾸준히 공부하려면, 어릴 때부터 즐겁게, 그리고 쉽게 배워야 합니다. 즐거움은 학습의 강력한 동기가 되며, 높은 성취감을 심어 주기 때문입니다. 하지만 막상 수학을 어떻게 재미있게 가르쳐야 할지 엄두가 나지 않지요. 그런 고민이 있는 부모님들을 위해, 즐겁게 수학을 배울 수 있는, 미치도록 재미있는 수학 교재 〈수빠맨〉을 준비했습니다.

수학에 빠진 전 세계 아이들이 맨 처음 선택한 기초 교재, 〈수빠맨〉은 재미있고 흥미진진한 이야기를 초등 수학의 네 가지 학습 영역으로 구성하여, 다채로운 수학 문제 풀이 활동을 할 수 있도록 했습니다. 여러 가지 수학 놀이 활동을 하는 동안, 초등 수학 전 과정에 걸쳐 핵심 개념을 습득할 수 있습니다.

이 책은 단원마다 짧은 이야기에서부터 시작합니다. 기발하면서도 재미난 상상이 가득한 이야기를 읽고 이야기와 긴밀하게 이어져 있는 수학 문제를 풀어 나가면서 수학 독해력을 기르는 훈련을 하게 되지요. 더 나아가 생활과 수학이 밀접하게 연관되어 있다는 것을 체득하며 수학에 대한 호기심과 흥미가 자연스럽게 생길 것입니다.

〈수빠맨〉은 수학 개념을 무작정 외우는 대신, 아이들 스스로 수학 개념을 익힐 수 있도록 설계했습니다. 책에 있는 여러 수학 활동들을 아이들 '스스로' 할 수 있도록 도와주세요. 스스로 문제를 해결해 가면서 수학에 대한 자신감을 기를 수 있을 테니까요.

• 기다려 주세요!

  아이가 문제를 풀 때까지 시간이 오래 걸릴 수 있습니다. 또 책을 다 풀지 않고 중간에 덮어 버리거나, 어떤 문제는 건너뛸 수도 있습니다. 그것만으로 수학을 포기했다고 단정하지 마세요. 그저 아이를 믿고 기다려 주세요.

• 답을 알려 주는 대신, 질문을 하세요!

  아이들이 어떻게 풀어야 하는지, 답이 무엇인지 모르겠다고 했을 때 바로 답을 알려 주지 마세요. 대신 질문을 통해 아이들을 정답으로 유도해 주세요. 문제를 다시 잘 읽어 보도록 독려하거나, 막힌 부분이 무엇인지 물어보고 아이 스스로 답을 찾아 나갈 수 있도록 도와주세요.

• 수학 문제 해결의 첫 단계는 이해라는 점을 잊지 마세요!

  수학 공부를 막 접하는 초등 저학년일수록 문제만 읽고 무턱대고 계산하거나 문제 푸는 공식만 외지 않도록 주의해야 합니다. 대신 한 문제를 풀더라도 아이가 문제를 제대로 이해할 수 있도록 시간을 충분히 주세요. 또한 아이들이 수학 문제의 답을 잘 맞히는 것보다, 문제를 어떻게 풀었는지 설명하는 것을 습관화할 수 있게 도와주세요. 어떤 풀이 과정을 거쳐 답을 구했는지 아는 것이 가장 중요합니다.

• 생활에서 수학을 찾아보세요!

  아이들이 생활 속에서 수를 발견하도록 도와주세요. 여러 활동을 하는 동안 수학이 언제, 어떻게 쓰이는지 물어보고 이야기해 주세요. 이 책을 읽고 난 뒤에는 생활에서 수학이 어떻게 적용되고 실현되는지 아이와 함께 찾아보세요.

초등학생을 위한 최고의 수학 학습서 <수빠맨>

   우리가 늘 해 온, 익숙한 수학 공부는 어떤 형태일까요? 여러 가지 수학적 개념과 공식을 외우고 이해하는 것, 그리고 그 이해를 바탕으로 이런저런 문제를 푸는 것을 떠올릴 수 있습니다. 하지만 초등학생에게 그와 같은 학습 방법을 그대로 적용하는 게 반드시 옳지는 않습니다. 그러한 정통의 수학 학습법은 조금 나중에 한다고 하더라도 늦지 않습니다. 수학을 이제 막 시작하는 초등학생은 수학과 친숙해지는 방식으로 공부하는 것이 훨씬 더 중요합니다.

   시중에는 연산 훈련을 하는 교재나 부모님과 아이가 함께 공부할 수 있는 수학 교재가 많이 있습니다. 처음 출판사에서 초등학생을 대상으로 수학책을 펴낸다고 들었을 때 기존에 있는 다른 책들과 무엇이 다를까 궁금했습니다. 그리고 이 책을 살펴보고 나니 확신할 수 있었습니다. <수빠맨>은 아주 특별한 책이라는 것을 말입니다. 이 책은 조금만 살펴보아도 어떻게 전 세계 어린이들의 마음을 사로잡았는지 알 수 있습니다. 아이들의 시선을 끄는 캐릭터와 함께 다양한 환경에서 일어나는 재미있는 이야기들로 가득 차 있는 책이거든요.

   <수빠맨>은 평범하고 시시한 수학 학습서가 아닙니다. 등장하는 캐릭터와 이들이 끌어가는 이야기가 재미있기도 하지만 무엇보다도 수학적인 내용이 알찹니다. 수와 연산, 도형과 측정, 규칙과 추론 등 초등학교 수학 교육 과정에 등장하는 필수적인 내용이 충실하게 담겨 있습니다. 아이들은 이 책을 펼쳐 여러 가지 수학 활동을 하는 동안 자연스러운 사고 흐름에 따라 마치 게임을 하듯 공부할 수 있습니다. 높은 수준의 집중력을 발휘하지 않더라도 퀴즈를 풀고, 도형과 전개도를 오리고, 스티커를 붙이면서 수학적 개념을 이해하고 문제를 해결할 수 있도록 구성되어 있습니다.

이 책은 단원마다 짧은 이야기에서부터 시작합니다. 기발하면서도 재미난 상상이 가득한 이야기를 읽고 이야기와 긴밀하게 이어진 수학 문제를 풀어 나가면서 수학 독해력을 기르는 훈련을 할 수 있습니다. 여러 가지 이야기들을 통해 수학이 생활과 밀접하게 연관되어 있다는 것을 체득하며 수학에 호기심과 흥미가 자연스럽게 생길 수 있도록 돕습니다.

초등학교 때에는 수학을 꼭 남들보다 더 잘할 필요는 없습니다. 수학과 친해지고 수학에 대한 자신감을 가지는 것이 수학 문제를 잘 푸는 것보다 더 중요합니다. 학습 진도를 정규 과정보다 많이 앞서 나가지 않아도 됩니다. 호기심과 집중력을 가지고 공부하기만 하면 수학은 아주 재미있는 공부라는 것, 열심히 하면 나도 수학을 잘할 수 있다는 것을 느끼게 해 주면 됩니다. 수학에 흥미와 자신감이 있으면 때때로 너무 어려운 문제가 나오더라도 쉽게 포기하지 않고 문제를 스스로 해결하기 위해 부딪히고 애쓸 힘이 생깁니다.

그런 의미에서 〈수빠맨〉은 초등학생들을 위한 최고의 수학 학습서 중 하나라고 확신합니다. 아이 스스로, 또는 부모와 함께 〈수빠맨〉으로 재미있게 수학 공부를 하다 보면 저절로 수학과 친해질 것입니다.

송용진
(수학자, 인하대학교 명예 교수)

한국을 대표하는 위상수학자입니다. 서울대학교 수학과를 졸업하고 미국 오하이오주립대에서 박사학위를 받았습니다. 오랫동안 영재교육과 수학올림피아드에 대한 일을 해 왔으며 지금은 국제수학올림피아드 선출직 위원(IMO BOARD MEMBER)으로 활동하고 있습니다. 쓴 책으로 《수학은 우주로 흐른다》, 《영재의 법칙》, 《수학자가 들려주는 진짜 논리 이야기》 등이 있습니다.

7%
4/12

분수를 잘 이해하고 있다면, 소수를 쉽게 배울 수 있습니다.
소수는 분수를 간단하게 나타낸 수거든요.
소수와 백분율의 개념을 이해하고
소수 크기를 비교하는 한편,
소수 계산까지 할 수 있게 된다면
분수와 소수의 기초를 완벽하게 다질 수 있어요.

$\dfrac{8}{16}$

전원 배에 오르라!

지금부터 해적들의 이야기를 들려줄게요. 나는 이 해적단의 앵무새, '리코'예요. 난 해적 친구들이 심심해할 때는 언제나 입을 열어 친구들을 즐겁게 만들어 준답니다.
우리 선장의 이름은 왕감자예요. 웃기려고 하는 말이 아니라, 정말 그게 이름이에요. 코가 꼭 감자같이 생겼거든요! 이름은 좀 우스꽝스러워도 아주 용맹한 해적이에요.
저기 멋들어진 수염이 있고 애꾸눈인 선원은 구불탱 영감이에요. 구불탱 영감은 어디에서 어떤 파도가 칠지 모두 알고 있는 아주 지혜로운 사람이지만 귀가 먹어서 잘 못 들어요.
삐실이와 투실이는 쌍둥이지만 서로 닮은 구석이 한 군데도 없어요. 삐실이는 날아오는 대포알도, 무서운 악어도 겁내지 않지만 거미만 보면 기절할 듯이 놀란답니다. 손톱보다 작은 거미를 봐도 겁에 질려 달아나요. 투실이는 언제 폭풍이 몰려올지를 정확하게 맞힌대요. 비가 올 것 같으면 코가 간질거려서 재채기를 멈출 수 없기 때문이죠.
우리 왕감자 해적단과 함께라면 지루할 틈이 없을 거예요.
멋진 해적단 친구들과 함께 수학의 바다로 모험을 떠나 봅시다!

보기를 읽고, 왕감자 해적단의 옷을 알맞은 색으로 칠해 주세요.

• 기관장과 주방장의 셔츠는 같은 색입니다.

• 파란색 두건을 맨 해적은 빨간색 두건을 맨 해적들 사이에 있어요.

• 주방장은 초록색 두건을 하고 있어요.

• 기관장의 셔츠 색은 조타수의 두건 색과 같아요.

• 두 해적이 노란색 바지를 입고 있고, 양 끝에 서 있어요.

• 노란색 바지를 입은 해적의 옆에는 노란색 셔츠를 입고 파란색 두건을 한 해적이 있어요.

• 한 해적은 두건과 셔츠의 색이 똑같아요.

• 한 해적은 검은색 바지를 입고 있어요.

• 초록색 바지를 입은 해적은 파란색 두건을 하지 않았어요.

| 기관장 | 조타수 | 갑판장 | 주방장 |

어떤 가게로 가야 하지?

왕감자 선장은 항해를 떠나기 전에 삐실이와 구불탱 영감에게
항해에 필요한 물건을 사 오라는 심부름을 보냈어요.
하지만 두 사람은 막상 어디로 가서 물건을 사야 하는지 잊어버렸지 뭐예요?
이럴 줄 알고 선장이 심부름을 보낼 때 힌트가 담긴 종이를 줬어요.
아래 힌트는 가게가 있는 도로의 숫자를 나타내요.
알맞은 가게의 간판 스티커를 찾아서 붙여 주세요.

힌트

- **양복점** 두발자전거 바퀴 수에 13을 곱한 값
- **대장간** 9를 4배 한 값
- **방앗간** 8에 4를 곱한 값에 3에 2를 곱한 값을 더한 값
- **목공소** 50에서 3주일 동안의 날 수를 뺀 값
- **곡물 가게** 앵무새 16마리의 다리의 개수에서

  해적 7명의 귀의 개수를 뺀 값

26
38
29
18

항해 일지

왕감자 해적단은 오랜 세월 동안 함께 바다를 누볐어요.
모험하는 동안 웃고, 울고, 때론 쏟아지는 별빛을 보고, 때론 거친 파도와 싸웠지요.
선장의 항해 일지에 있는 암호를 풀면 우리가 어떻게 항해했는지 알 수 있어요.
암호를 풀어 보세요.

(1) 사용한 돛의 개수: ＿＿＿＿＿＿＿＿＿＿

(2) 태풍을 만난 횟수: ＿＿＿＿＿＿＿＿＿＿

(3) 잼이 들어 있던 병의 수: ＿＿＿＿＿＿＿＿＿＿

(4) 먹은 애플 파이의 수: ＿＿＿＿＿＿＿＿＿＿

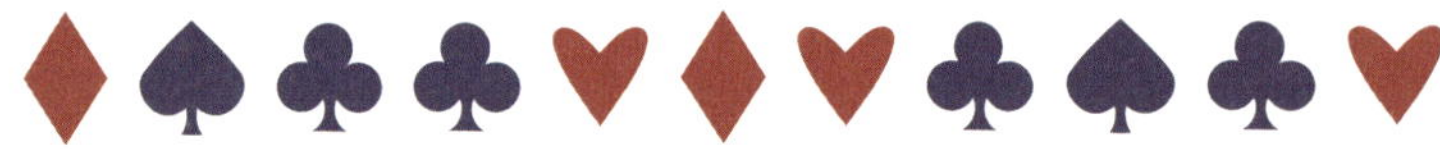

암호가 바뀌었네요.
암호를 풀고 문장을 완성해 주세요.

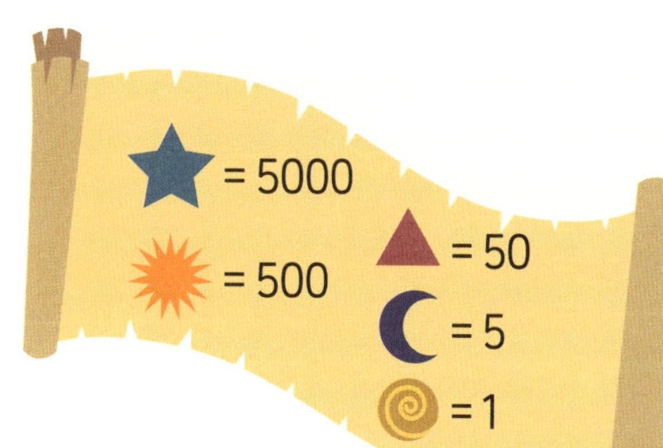

(5) 포탄은 ________ 발을 쏘았어요.

(6) 다른 해적과 ________ 번이나 싸웠어요.

(7) ________ 개의 섬을 탐험했어요.

(8) 악어를 ________ 마리 만났어요.

(9) 사과 주스는 ________ 병을 마셨습니다.

(10) 껍질 벗긴 감자는 ________ 개나 됩니다.

자, 출발이다!

항해를 떠날 준비가 드디어 끝났네요. 이제 짐을 싣는 일만 남았어요!
짐을 실을 때에는 배의 균형을 잘 맞춰야 해요.
짐을 묶음 2개로 나눠서 하나는 배의 머리에, 하나는 배의 꼬리에 실으면 됩니다.
짐은 총 12개 있습니다.
짐의 개수와 무게를 똑같이 하여 둘로 나눠 보세요.
책 뒤에 있는 짐 스티커를 찾아서 잘 실어 보세요.

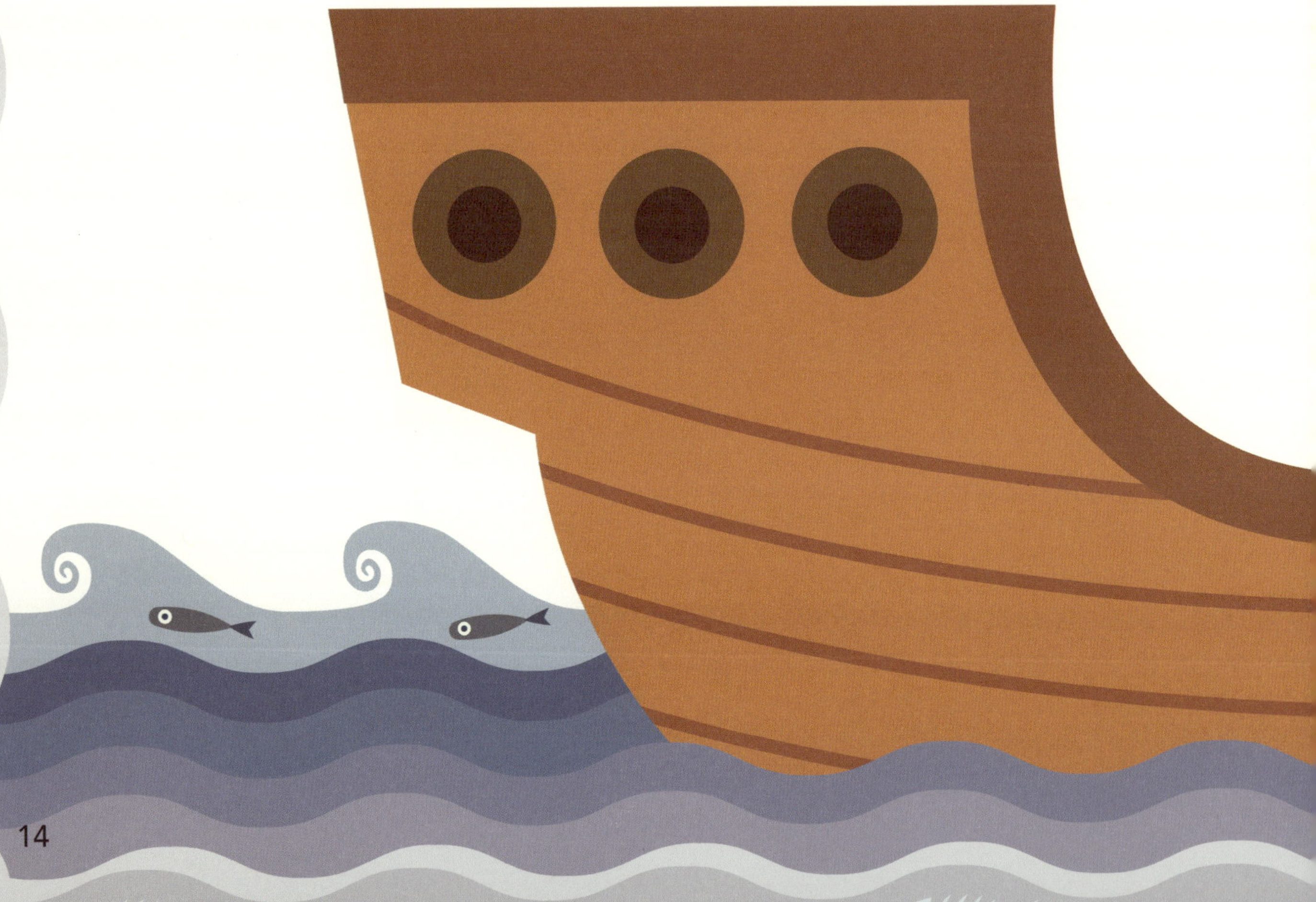

짐의 개수도 똑같게!
무게도 똑같게!

도둑이야!

왕감자라는 이름답게 선장은 감자에 있어서는 아주 전문가죠. 어렸을 때부터 할머니께서 늘 감자로 샐러드를 만들어 주셨는데 그 맛은 아무도 따라가지 못한다는군요. 오늘도 맛있는 감자샐러드를 먹기 위해 주방으로 내려갔어요.

"국자가 없어졌다!"

큰일이에요. 그 국자는 선장이 가장 아끼는 물건이거든요.

선장이 처음으로 긴 항해를 나가게 되었을 때, 할머니께서 쓰시던 국자를 선장에게 주셨어요. 그때부터 국자는 선장의 보물이 되었지요.

그런데 그 국자가 없어졌다니! 선장은 모든 일을 멈추고 국자를 찾았어요. 해적들도 배를 샅샅이 뒤졌지만, 국자는 코빼기도 보이지 않았어요. 결국 선장은 아이처럼 울음을 터뜨렸지요. 선장의 눈물을 본 해적들은 꼭 국자 도둑을 잡겠노라 결심했어요.

배에서 내려 마을로 향하는 길에, 다행히 우리의 구불탱 영감이 뭔가 찾아낸 모양이에요! 선착장에서 마을로 가는 골목에서 맛있는 감자샐러드 냄새를 맡았어요. 해적들 모두 그 냄새를 따라갔어요. 냄새가 코앞까지 풍길 때까지 다가간 바로 그때,

"으에에에에취이이이!"

별안간 투실이가 재채기했어요. 그러자 순식간에 하늘이 어두워지고 장대비가 쏟아졌어요. 하나뿐인 단서였던 감자샐러드 냄새는 비에 씻겨 내려갔지요. 수사는 다시 원점으로 돌아갔어요.

그래도 해적들은 도둑과 그가 훔친 국자가 섬에 있다는 사실을 알아냈어요. 과연 선장의 국자를 되찾을 수 있을까요?

국자를 찾아서!

국자를 찾으려면 이 다리를 건너야 합니다.
그러려면 무늬 두 개가 있는 널빤지를 연결하면 돼요.
보기를 읽고 책 뒤의 스티커를 붙여 주세요.

보기

- 널빤지끼리는 같은 무늬가 서로 맞닿게 놓여야 합니다.
- 한 널빤지 안에는 같은 무늬 2개가 들어갈 수 없습니다.
- 이미 놓여 있는 무늬를 포함해 각 무늬의 개수는 서로 같아야 합니다.

도둑의 흔적

도둑이 감자를 밟고 가면서 흔적이 남았네요.
가장 큰 수부터 가장 작은 수까지 순서대로 연결하여
길을 만들어 주세요.
도둑이 어디로 향했는지 알 수 있을 거예요.

숨바꼭질

국자는 오른쪽 섬 네 곳 중 한 곳에 숨겨져 있어요!
갈림길에서 더 큰 수가 있는 길로만 가면 돼요.
왕감자 선장한테 길을 알려 주세요.

성문을 열어라!

해적들이 섬에 도착했을 때, 높은 성과 맞닥뜨렸어요.
분명히 국자는 이 성 안에 있을 거예요.
다행히 앵무새 리코가 성 안으로 들어갈 수 있는 방법을 알아냈어요.
리코가 하는 말을 잘 듣고 성 안에 들어갈 방법을 알아내세요.

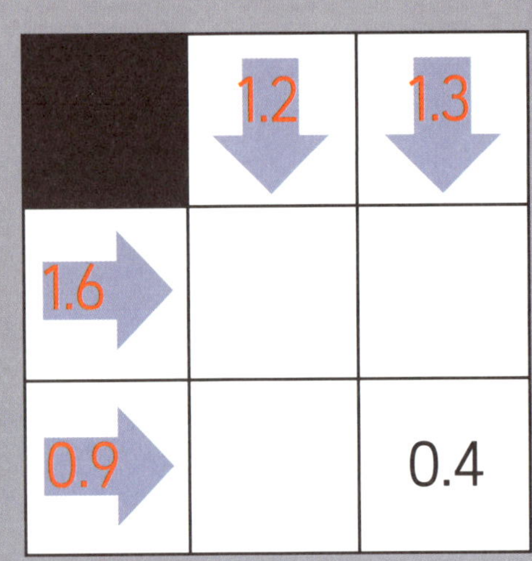

0.1부터 0.9까지의 소수로 빈칸을 채워야 해.
화살표에 적힌 수는 화살표에 적힌 수를 제외하고
그 방향에 있는 나머지 수들의 합과 같아.
그리고 같은 줄에 있는 수들은 서로 달라야 해.
한 칸씩 차근차근 채워 봐.

1.1
0.4
1.7
0.3
0.6
0.8
2
0.3
0.6
0.9

세상에 이런 일이!

이제 성안에 들어왔어요.
그런데 이 도둑이 훔친 물건들이… 모두 국자라니! 여기도 국자, 저기도 국자.
금화도 아니고, 하다못해 은 식기도 아니고, 웬 국자가 성안 한가득 있어요.
어쨌든 도둑을 쫓아가야 하니, 수 배열에서 규칙을 찾아서 빈칸에 알맞은 수를 써넣으세요.

선장의 국자는 계산식을 풀었을 때 결과가 7인 국자입니다.
선장의 국자를 찾아서 ○ 표시를 하세요.

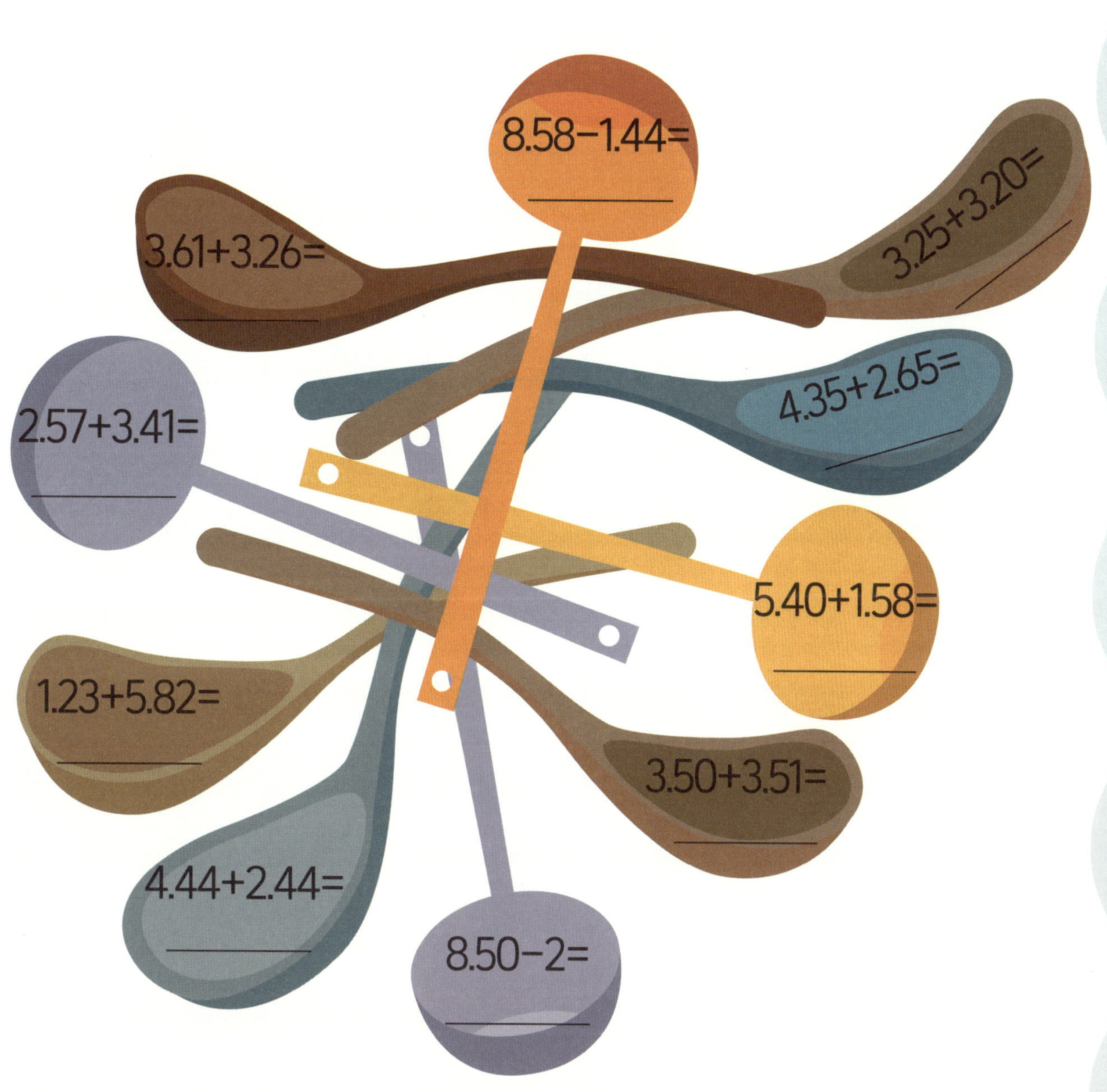

놀이공원에 간 해적

우리 왕감자 해적단이 좋아하는 일이 있어요.

보물 약탈이나 최후의 전투, 악어 떼 사냥하기 아니냐고요?

에이, 그런 시시한 일이 아니에요.

왕감자 해적단이 가장 좋아하는 건 바로 '놀이공원'이에요!

귀여운 머리띠와 반짝이는 회전목마, 달콤한 팝콘 냄새와 신나는 퍼레이드 음악까지!

정말 행복한 곳이죠. 뜨거운 감자샐러드 먹는 걸 빼면, 놀이공원에 가는 걸 가장 좋아해요.

왕감자 해적단은 긴 항해가 끝나면 누가 먼저랄 것도 없이 놀이공원으로 향해요.

투실이는 해가 뜰 때 관람차에 타서 노을이 지는 것까지 보고 내려와요.

삐실이는 스릴 넘치는 다트 게임을 좋아하지요. 과녁을 잘 맞히는 것 같지는 않지만,

왕감자 선장과 구불탱 영감은 놀이기구보다는 먹는 것에 더 열중하는 편이에요. 만약 놀이공원에서 간식 가게에 괴상한 머리를 한 아저씨 두 명이 서 있는 걸 봤다면, 분명 그 사람들은 왕감자 선장과 구불탱 영감일 거예요. 이 두 사람에게 달콤한 캐러멜 팝콘과 폭신폭신한 솜사탕은 필수 코스랍니다.

다트 내기

다트 내기에서 진 삐실이가 화가 나서 다트판을 엎어 버렸네요.
점수에 맞춰서 다트 스티커를 원래대로 붙여 주세요.
참고로 한 사람당 다트 3개를 던졌답니다!

43
점

50
점

55
점

깡통 볼링

볼링 게임에서는 쓰러뜨린 깡통의 숫자만큼 점수를 얻을 수 있어요.
깡통에 적힌 숫자들의 합은 15이므로 모두 쓰러뜨리면 15점을 얻을 수 있겠지요.
해적들이 얻은 점수를 각각 구해 주세요.

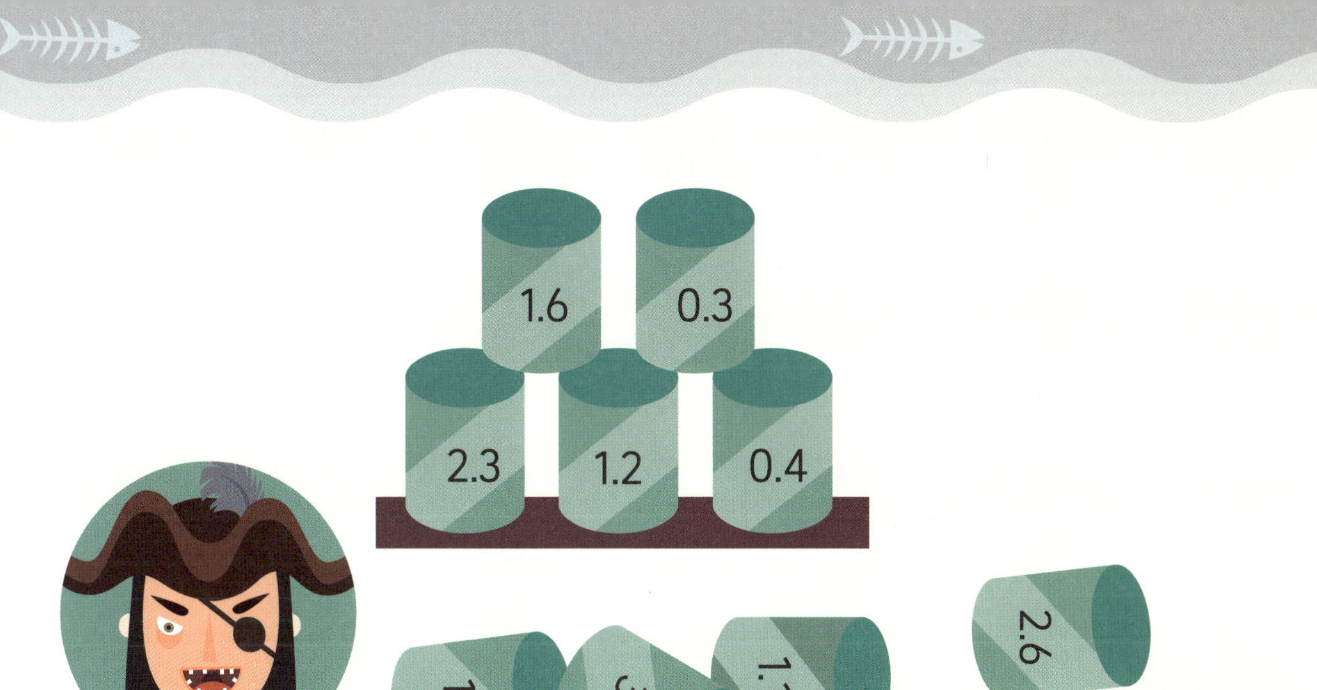

구불탱 영감

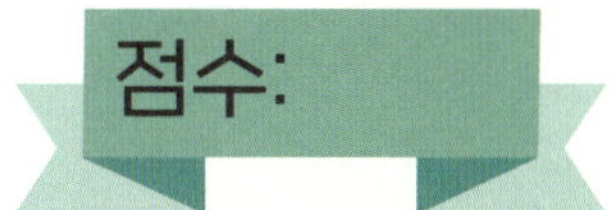

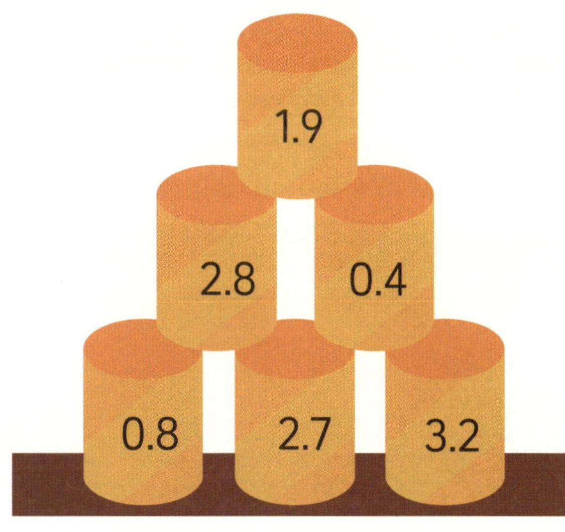

투실이

간식을 먹고 싶어

재미있게 놀다 보니 배가 고픈가 봐요. 간식을 먹으면서 잠시 쉰대요.
해적마다 가진 동전은 말풍선 아래에 있어요.
가격을 잘 보고 배고픈 해적들의 돈 계산을 도와주세요.

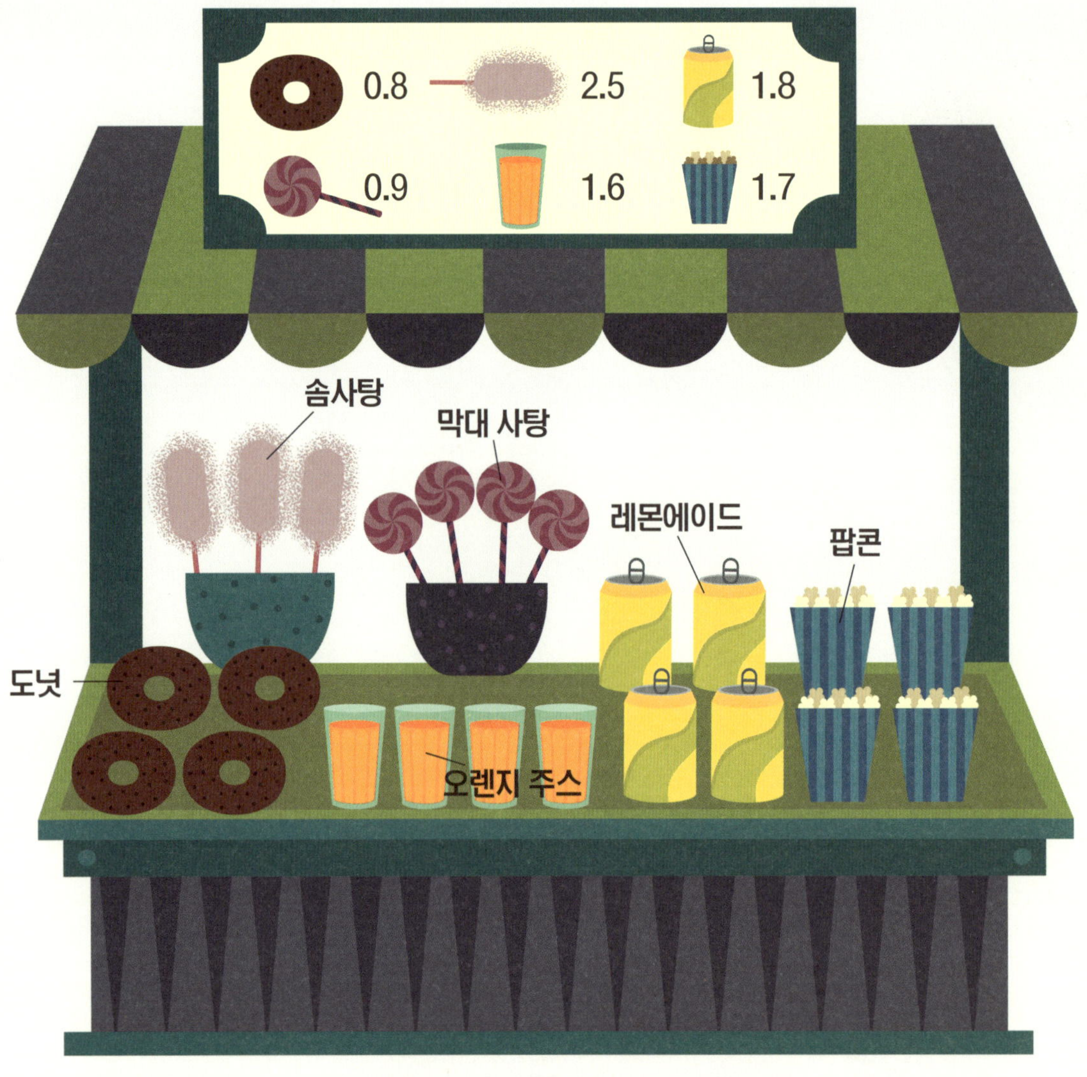

도넛 하나, 막대 사탕 하나, 레몬에이드 하나 주쇼!
이 돈이면 충분한가?

....
....
....

왕감자 선장

이봐, 솜사탕이랑 막대 사탕 하나씩 달라고.
그럼 남은 돈으로 어떤 음료수를 마실 수 있지?

베실이

2, 2, 1

팝콘 한 봉지랑 도넛 두 개, 오렌지 주스 하나!
그럼 거스름돈은 얼마 받을 수 있나?

2, 2, 1

구불탱 영감

신나는 빙고 게임!

아래 계산식을 풀고, 계산 결과가 있는 카드에 ○를 하세요.
○가 가장 많은 해적이 우승자예요.

(1) 6.2 - 2.2 =

(2) 7.5 × 2 + 1 =

(3) 13.8 + 9.2 =

(4) 7.5 - 3.8 - 2.7 =

(5) 1.2 × 3 × 10 - 1 =

(6) 0.5 × 4 =

(7) 5.2 × 4 + 4.2 =

(8) 17.7 + 29.3 =

(9) 1.5 × 2 × 3 =

(10) 2.5 × 2 × 3 + 3 =

소수의 곱셈

$$
\begin{array}{r}
1 \\
1.4 \\
\times \quad 3 \\
\hline
4.2
\end{array}
$$

자연수의 곱셈과 같이 계산하고 결과에
곱해지는 수의 소수점 아래 자리 수만큼
소수점을 찍습니다.

왕감자 선장

4	12	35
28	16	47

삐실이

23	35	42
1	9	29

투실이

2	25	18
47	16	23

구불탱 영감

36	47	15
25	4	23

우승자

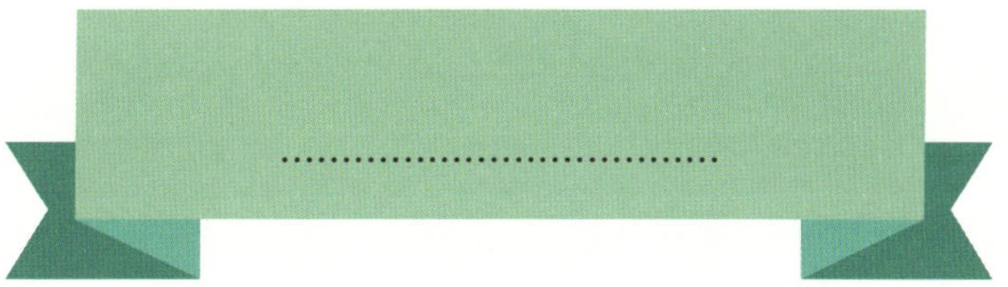

놀이공원에서의 깜짝 퀴즈

놀이공원에서 깜짝 퀴즈 이벤트가 열렸어요. 다 맞히면 왕감자 선장이 달콤한 솜사탕을 사 준대요!

(1) 단지 안에 빨간색 구슬이 4개, 노란색 구슬이 3개, 초록색 구슬이 2개 있습니다. 삐실이가 눈을 가리고 구슬을 꺼낼 때, 항상 같은 색의 구슬이 2개 있으려면 적어도 구슬 몇 개를 꺼내야 할까요?

(2) 땅콩 100g이 1봉지이고, 땅콩 10봉지는 1kg이에요. 투실이가 2kg 500g의 땅콩을 샀다면 몇 봉지의 땅콩을 샀을까요?

⑶ 구불탱 영감이 관람차를 타기 위해 기다리고 있어
  요. 관람차는 3분 20초마다 출발해요. 90초 전에
  앞의 관람차가 출발했다면, 구불탱 영감은 앞으로
  얼마나 더 기다려야 관람차를 탈 수 있을까요?

⑷ 왕감자 선장이 추첨권을 사려고 해요. 추첨권은
  모두 1995장이고, 1부터 1995까지의 수가 적혀
  있어요. 왕감자 선장이 세 자리 수의 추첨권을 모
  두 사거나, 네 자리 수의 추첨권을 모두 사려고
  합니다.
  당첨권은 한 장일 때 어떤 추첨권을 사면 당첨될
  가능성이 더 높을까요? 개수가 많을수록 당첨될
  가능성이 높아질 거예요.

예상치 못한 전투

보물을 찾아온 바다를 누비며 수백 번의 전투를 하고, 수십 번의 허탕을 친 끝에 왕감자 선장은 해적 역사상 가장 놀라운 결단을 내렸습니다.

"내일부터 왕감자 해적단은 여름휴가를 떠난다!"

순식간에 해적선이 유람선으로 바뀌었어요. 해적들은 닷새 동안 돛도 펴지 않고, 갑판을 닦지도 않았으며, 감자샐러드를 만들지도 않았어요. 해적들은 그 어느 때보다 깨끗이 씻고 멋들어지게 차려입었답니다. 구멍 나지 않은 셔츠를 입고 빳빳한 새 두건까지 쓴 해적들은 다른 사람 같았어요. 휴가를 위한 모든 준비가 끝나고 출발하려는데…. 갑자기 쾅! 콰르릉! 하고 천둥소리가 들렸어요.

"이런! 도대체 무슨 일이야?"

왕감자 선장이 화들짝 놀라며 외쳤어요.

"재채기가 나지 않은 걸 봐서는 폭풍은 아닌 것 같은데요."

투실이가 말했어요.

"지금 누가 뭐라고 했어? 내 귀에 분명히 무슨 말소리가 들린 것 같은데…. 혹시 들은 사람 없나?"

구불탱 영감이 주위를 둘러보며 물었어요. 그때 망원경으로 바다를 살피던 삐실이가 외쳤어요.

"선장님, 큰일입니다! 다른 배가 우리를 공격하고 있습니다!"

왕감자 선장과 해적단은 여행 가방을 팽개치고 순식간에 전투태세에 돌입했지요. 왕감자 선장이 대포를 잡기 무섭게 네 척의 배가 수평선 위로 나타났어요.

멋진 돛

왕감자 해적단의 배가 보이나요?
돛에서 크고 작은 삼각형을 모두 몇 개 찾을 수 있나요?

___________________ 개

적의 정체는?

왕감자 해적단은 마침내 적과 마주했어요. 하지만 여전히 적들에 대해 아는 게 없네요.
왕감자 해적단이 적에 대해 알 수 있도록 단서를 읽고 아래 표에 맞으면 ○, 틀리면 X 표시를 해 주세요.

단서

- 검은 매 해적단의 해적 수는 12명보다 적다.
- 돌머리 해적단은 송곳니 해적단보다 해적 수가 적다.
- 붉은 눈 해적단의 해적 수는 짝수이다.
- 붉은 눈 해적단은 검은 매 해적단보다 해적 수가 적어도 4명 이상 많다.
- 각각의 해적단의 수는 모두 다르다.

	13명의 해적	9명의 해적	12명의 해적	14명의 해적
검은 매 해적단				
돌머리 해적단				
붉은 눈 해적단				
송곳니 해적단				

왕감자 해적단이 맞서야 하는 적의 해적 수를 알아냈나요?
아래 빈칸에 써넣으세요.

해적단 이름	해적 수
검은 매 해적단	__________
돌머리 해적단	__________
붉은 눈 해적단	__________
송곳니 해적단	__________

적진으로 돌격!

왕감자 해적단이 소중한 휴가를 되찾으려면 적들과 맞서 싸워야 합니다.
적마다 섬 4개에 각각 본거지를 두고 있는데, 섬 주변에 함정이 하나씩 있습니다.
단서를 읽고 아래 표에 맞으면 ○, 틀리면 X 표시를 해적마다 섬 이름과 함정을 찾아 주세요.

- 해골 섬에는 미로가 있다.
- 송곳니 해적단은 폭풍 섬에 없다. 송곳니 해적단이 있는 섬에는 악어도 없다.
- 이름 없는 섬은 붉은 눈 해적단의 섬이 아니고, 악어도 살지 않는다.
- 붉은 눈 해적단의 섬에는 식인 식물로 가득 찬 숲이 있다.
- 해골 섬은 검은 매 해적단과 붉은 눈 해적단의 섬이 아니다
- 저주받은 섬은 돌머리 해적단과 붉은 눈 해적단의 섬이 아니다.
- 돌머리 해적단의 섬에는 화산이 있다.

	해골 섬	폭풍 섬	저주받은 섬	이름 없는 섬	화산	악어	미로	식인 식물
검은 매 해적단								
돌머리 해적단								
붉은 눈 해적단								
송곳니 해적단								
화산								
악어								
미로								
식인 식물								

	섬 이름	함정
검은 매 해적단	__________	__________
돌머리 해적단	__________	__________
붉은 눈 해적단	__________	__________
송곳니 해적단	__________	__________

전투 준비

왕감자 선장이 전투에 대비해 창고에서 물건을 정리하고 있어요. 선장이 물건의 개수를 세는 걸 도와주세요.
백분율로 표시하고, 빈칸을 알맞게 색칠하면 됩니다.

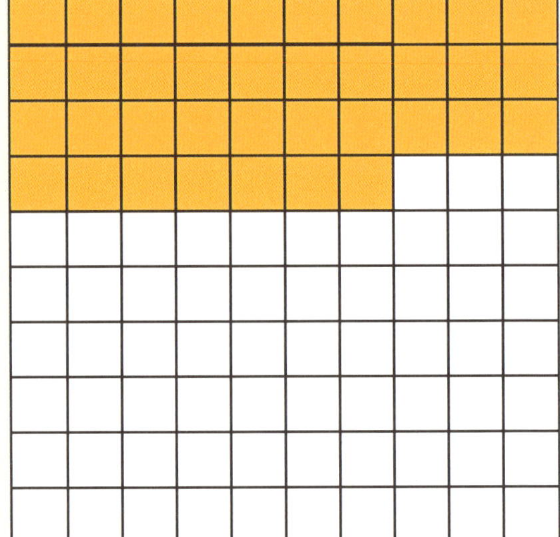

포탄
: 전투의 기본

$$\frac{37}{100} = 37\%$$

사과 주스
: 전투 중 갈증 날 때 필요하다.

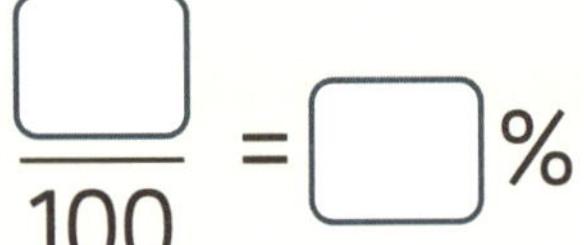

$$\frac{\boxed{}}{100} = \boxed{}\%$$

거위 깃털
: 간지럼은 아주 소름끼치는 무기다.

$$\frac{57}{100} = \boxed{}\%$$

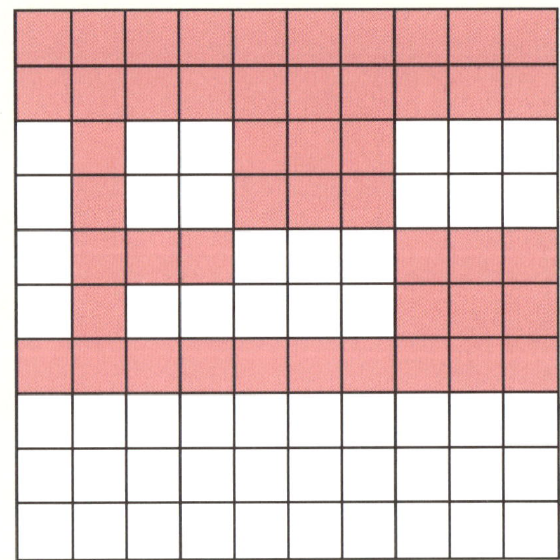

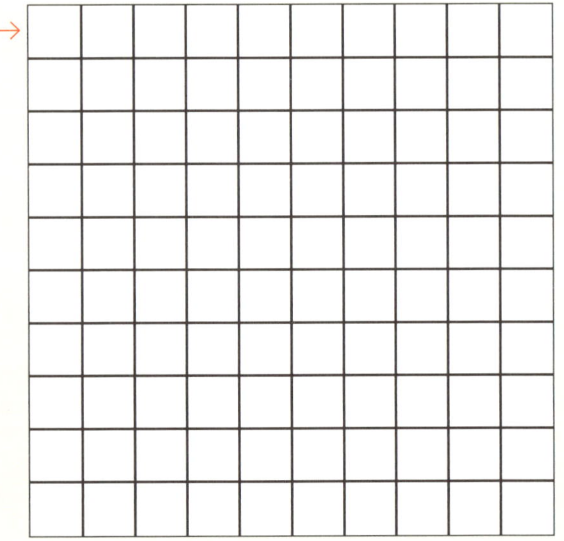

감자

: 전투력은 배불리 먹은 감자 샐러드에서 나온다.

$$\frac{\square}{\square} = \boxed{}\%$$

후추 가루

: 적들을 재채기하게 만든다.

$$\frac{\square}{\square} = 63\%$$

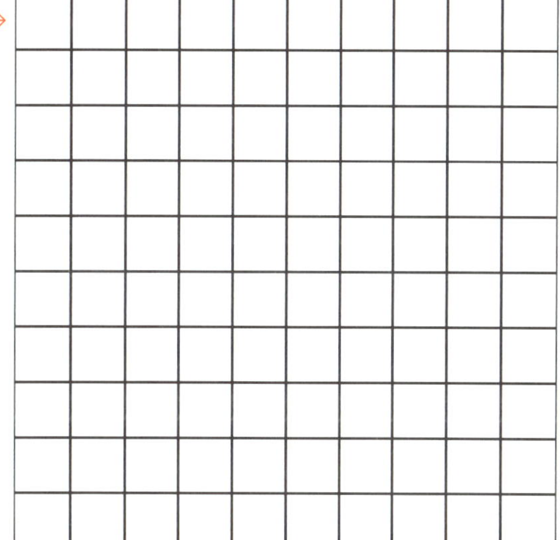

밀가루

: 밀가루로 뿌옇게 만든 뒤 도망갈 수 있다.

$$\frac{\square}{\square} = \boxed{}\%$$

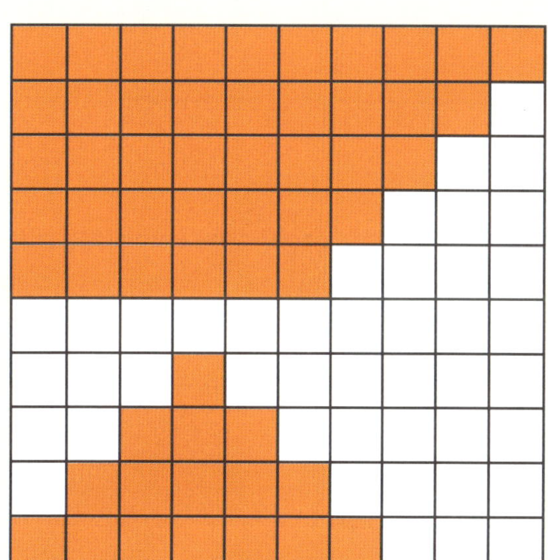

돌머리 해적단과의 전투

돌머리 해적단과의 전투가 시작됐어요.
백분율 대포에 알맞은 분수 포탄을 채워야 해요. 먼저 포탄 옆에 쓰인 분수만큼 포탄을 색칠하고,
알맞은 백분율 대포와 선으로 이어 주세요.

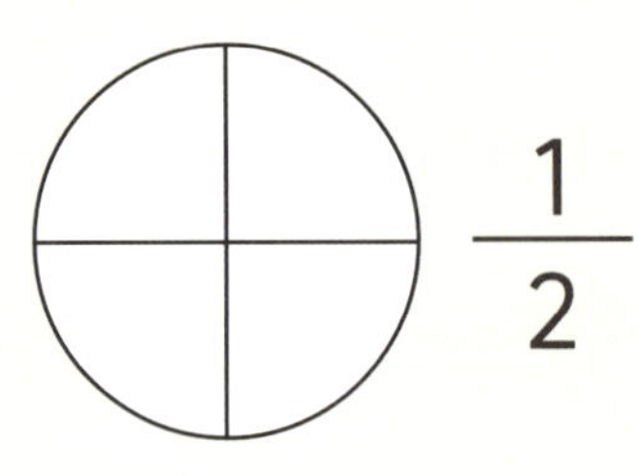

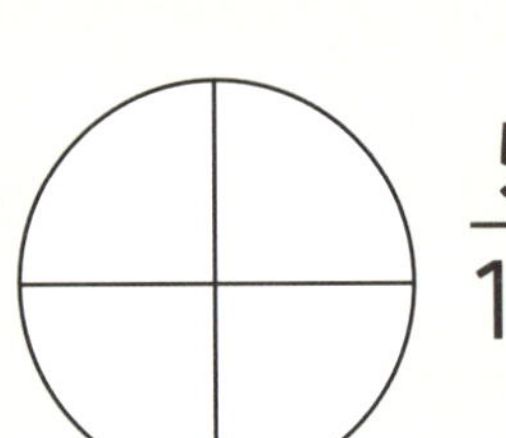

$\dfrac{50}{100}$

$\dfrac{1}{4}$

$\dfrac{1}{2}$

$\dfrac{75}{100}$

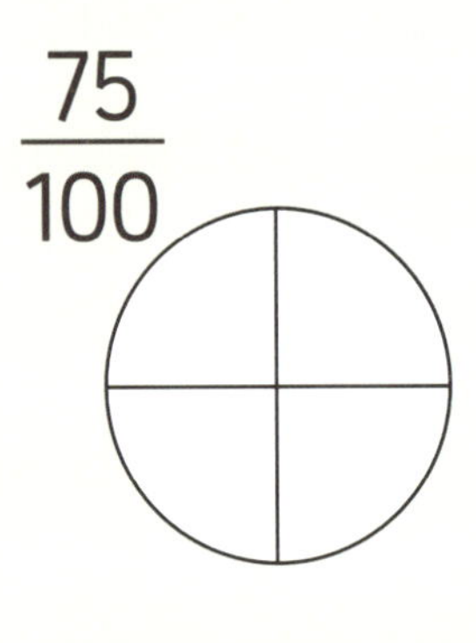

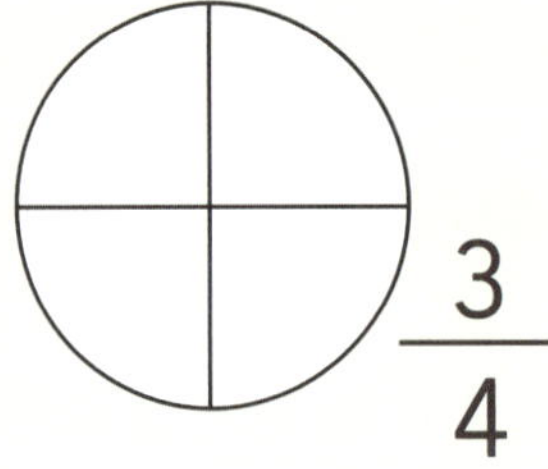

$\dfrac{3}{4}$

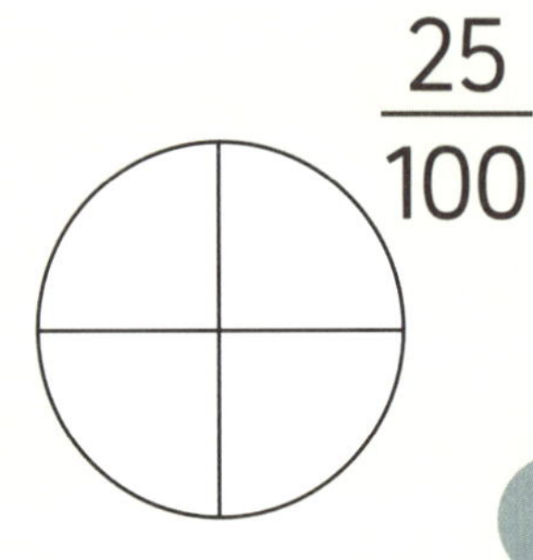

$\dfrac{25}{100}$

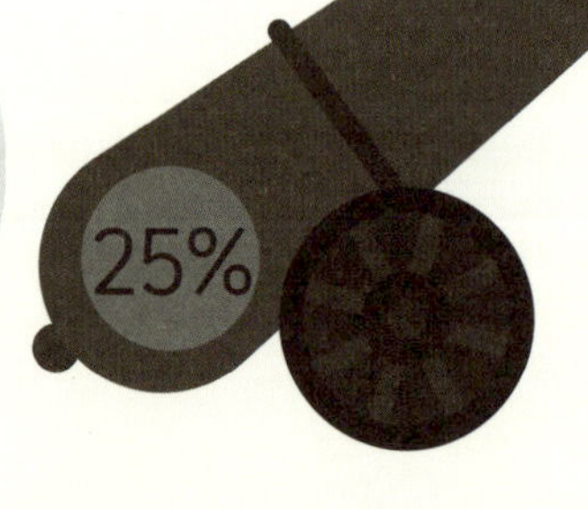

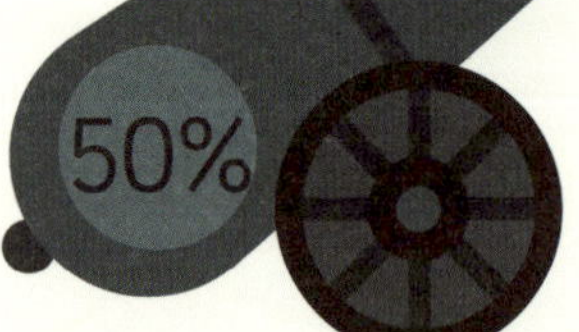

비장의 무기, 양파!

스티커는 본문 뒤에 있어요.

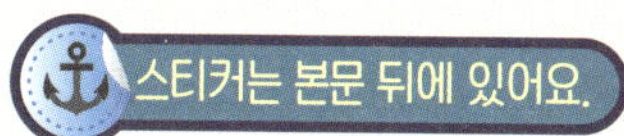

큰일 났어요! 돌머리 해적단이 돌머리로 대포를 모두 이겨냈어요.
이럴 때를 대비한 비장의 무기가 있어요. 바로 양파!
돌머리 해적단에게 양파를 쏘았더니 모두 눈물 콧물 싹 다 빼며 도망치기에 바빠요.
우리 해적단이 각각 양파를 얼마나 쐈을까요?
분수를 보고 우리가 쏜 양파가 몇 %인지 스티커를 붙여 주세요.

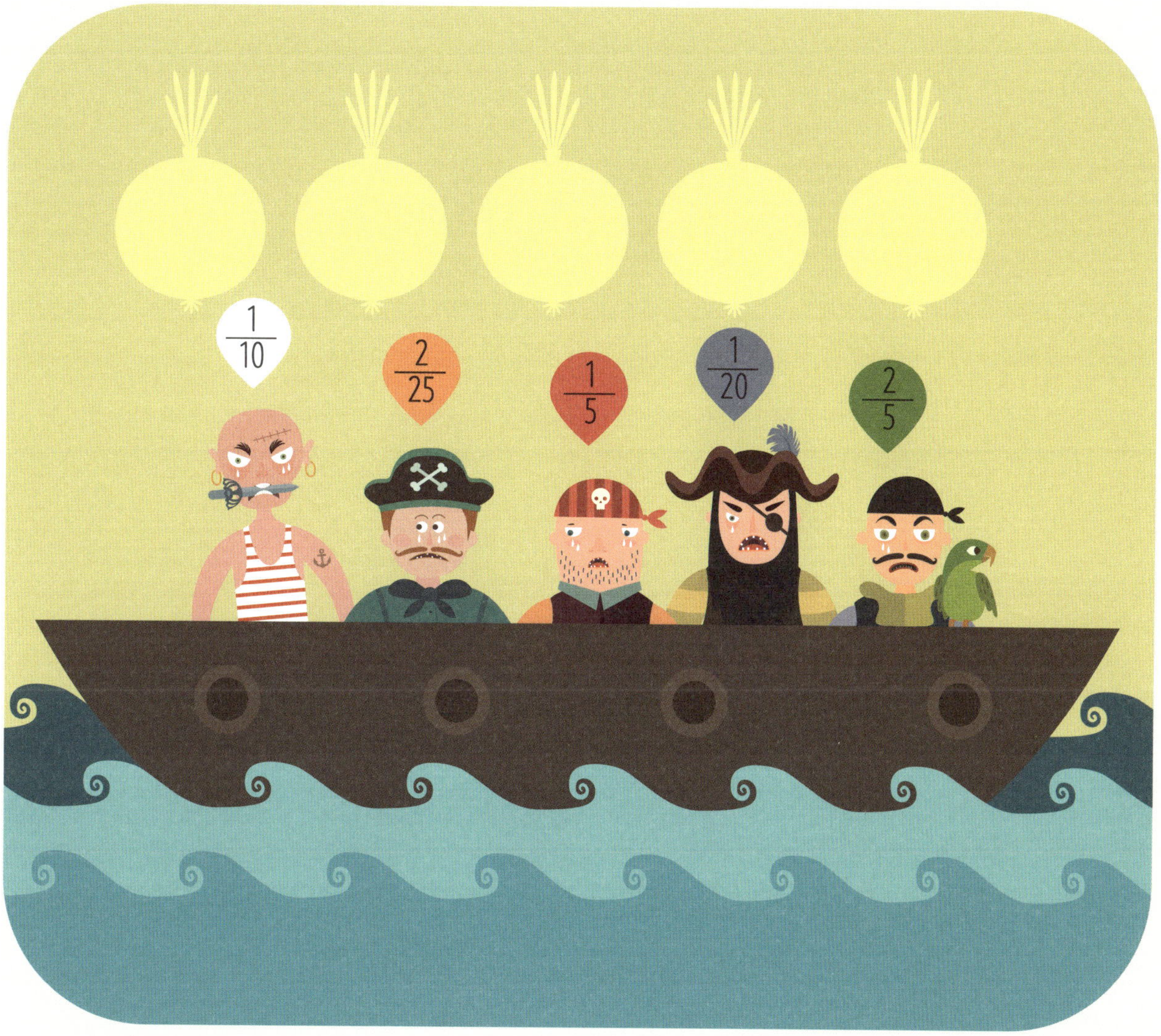

개념 확인

분수를 백분율로 바꿀 때는 분수의 분모를 100으로 만들고, 분모를 100으로 만든 수만큼 분자를 곱해 줍니다.

$$\rightarrow \frac{1}{4} = \frac{1\times25}{4\times25} = \frac{25}{100} \rightarrow 25\%$$

붉은 눈 해적단의 도미노

붉은 눈 해적단이 왕감자 해적단으로부터 도망치고 있어요.
무슨 일이 있었던 걸까요? 도미노를 세워서 따라가 보아요.

준비물
본문 뒤에 있는 도미노 카드 28장을 오리세요.

게임 인원
2~4명

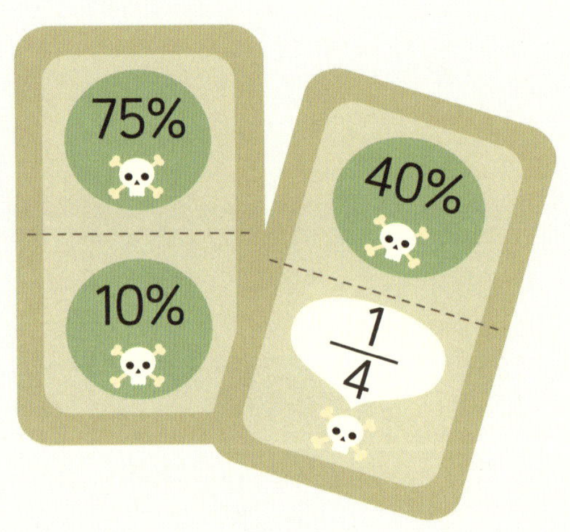

규칙
1. 한 명당 도미노 카드 7장씩 나누어 가지고, 남은 카드는 바닥에 뒤집어 놓습니다.
2. 순서를 정한 뒤 첫 번째 사람이 자기가 가진 카드 중 하나를 바닥에 내려놓습니다.
3. 다음 사람은 바닥에 있는 카드와 일치하는 비율이 담긴 카드를 찾아서 그 위에 내려놓습니다. 같은 비율의 카드가 없다면 바닥에 뒤집어 놓은 카드 중에서 한 장을 가져옵니다. 뒤집어 놓은 카드가 없으면, 카드를 가져오지 않고 다음 사람으로 넘어갑니다.
4. 이렇게 반복하면서 가장 먼저 자기가 가지고 있던 카드를 모두 바닥에 놓은 사람이 이깁니다.

부서진 배 수리하기

모든 해적단이 왕감자 해적단에게 항복하고, 결국 기나긴 전투가 끝났어요.
하지만 왕감자 선장은 '감자샐러드 축제'에 이제껏 전투를 벌였던 해적단 사람들을 모두 초대했어요!
정말 멋진 선장이에요. 적들도 최고로 맛있는 감자샐러드를 거부하기란 쉬운 일이 아니지요.
이제 부서진 배를 수리하는 일만 남았네요. 숫자에 맞는 색을 칠해서 배를 고쳐 주세요.

- 🟢 86의 50%
- 🔵 120의 $\frac{3}{4}$
- 🔴 98의 $\frac{1}{2}$
- 🟡 200의 75%
- 🟣 80의 $\frac{1}{5}$
- 🟠 160의 $\frac{1}{4}$
- 🔵 1200의 $\frac{1}{20}$
- 🟤 150의 $\frac{1}{10}$

보물 찾기

모든 전투가 끝나고 왕감자 해적단은 작은 섬에서 쉬기로 했어요.
구불탱 영감은 파도 속에서 신나게 헤엄을 치고, 왕감자 선장은 야자수 아래 해먹에
서 낮잠을 자고, 삐실이와 투실이는 근사한 모래성을 쌓고 있습니다.
모두들 평화로운 한때를 보내고 있었지요.

삐실이는 모래성을 높이 쌓으려고 땅을 파는 데 온 집중을 했어요. 그런데 땅을 기어
가던 거미 하나가 삐실이 손을 타고 기어 올라갔지요. 꼬물거리는 거미를 본 삐실이는
겁에 질려 모래삽을 던지고 미친 듯이 달리기 시작했어요! 그러다 이제 막 바다에서
나와 물기를 닦던 구불탱 영감과 부딪혀 반대편으로 넘어졌지요.
그런데 하필 넘어진 방향이 왕감자 선장의 해먹 위여서, 낮잠을 자던 왕감자 선장이
모랫바닥으로 떨어졌어요. 덕분에 모래 폭풍이 일어나서 투실이가 쉴 새 없이 재채기
를 시작했지요.
잠깐 사이에 작은 섬은 난장판이 되어 버렸답니다. 하지만 앵무새 리코가 왕감자 해적
단을 우리를 혼란에서 구해 줄 지도를 발견했다는 말씀!
이것만 있으면 우리는 진정한 해적이 될 수 있을 거예요.
"선장, 이것 좀 읽어 봐. 내가 보물 지도를 발견했다니까!"

암호 해독

일단 암호를 해독해야 지도를 읽을 수 있겠지요?
가로, 세로, 대각선의 합이 각각 모두 판 아래에 적힌 수와 같도록 빈칸을 채워 보세요.
단, 9칸짜리는 1부터 9까지의 수, 16칸짜리는 1부터 16까지의 수가 들어갑니다.

합: 15

합: 34

합: 15

합: 34

보물섬의 지도를 완성하라

드디어 보물이 있을지도 모르는 섬에 도착했어요.
리코가 먼저 날아가서 주변을 살펴봤는데, 섬의 지형이 꽤 복잡해요.
리코가 본 내용을 정리한 단서를 잘 읽고 지도를 색칠해 보세요.

- 이 섬의 40%는 숲이야.
- 숲을 제외한 섬의 절반은 잔디밭이야.
- 호수는 잔디밭 넓이의 $\frac{1}{10}$ 만큼이야.
- 그 나머지는 해변과 산인데, 해변은 숲과 잔디밭의 10%야.

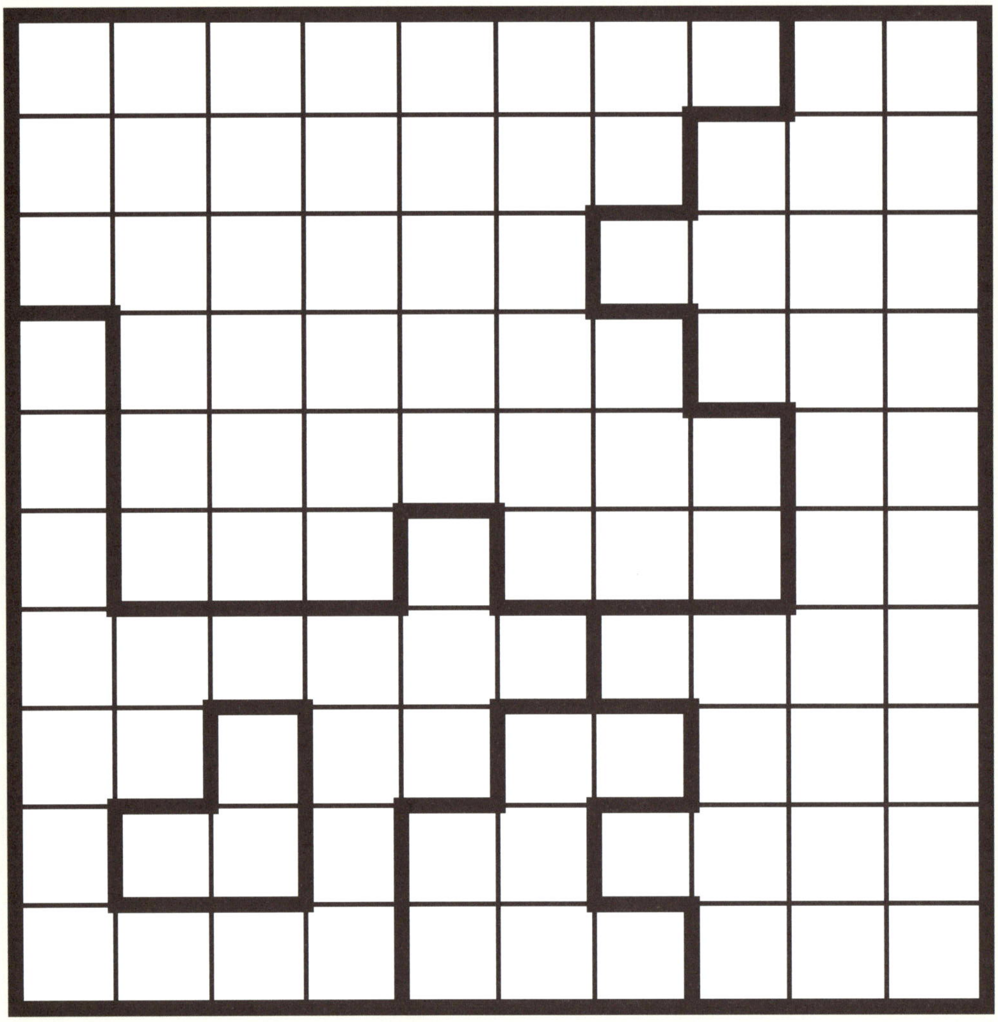

이 섬이 보물섬일까?

해적단의 선원들이 섬을 둘러보며 얻은 정보를 이야기하고 있어요. 정보를 바탕으로
질문에 답해 보세요.

(1) 코코넛이 17개 보입니다. 이것은 이 섬 전체에 있
는 코코넛의 50%입니다. 이 섬에는 코코넛이 모
두 몇 개 있을까요?

____

(2) 저기 야자수 7그루가 보입니다. 이것은 이 섬 전체
에 있는 야자수의 25%라는데 이 섬에는 모두 야
자수 몇 그루가 있을까요?

____

(3) 오호! 원숭이 12마리가 있어요. 이것은 이 섬 전체
에 있는 원숭이의 10%만큼이에요. 이 섬에는 원
숭이가 모두 몇 마리 있을까요?

____

이 섬에는 보물이 0개가 있군요. 이것은 100% 정확합니다.
대체 무슨 말이냐고요? 여긴 보물섬이 아니라고요!
다시 진짜 보물섬을 찾으러 떠나요!

한 붓 그리기로 보물섬 찾기

왕감자 선장이 보물을 찾아 모든 섬을 샅샅이 다 뒤질 거예요. 하지만 조건이 있어요.
섬과 섬 사이는 직선으로만 이동할 수 있고, 지도 위의 길을 빠짐없이 모두 지나가야만 해요.
한번 지난 길은 다시 지날 수 없고 길을 건너뛸 수도 없지요.
단, 여러 번 섬을 들러도 좋고 출발은 아무 섬에서나 할 수 있어요.
지금부터 보물섬을 찾으러 출발!

항해의 마침표

드디어 보물섬에 도착했어요. 우리는 32일 동안 항해를 했어요.
우리는 4일마다 밀가루 2봉지를 먹고, 8일마다 레모네이드 12병을 마시고,
2일마다 잼 2병을 먹었지요. 우리가 먹은 식량은 각각 얼마나 될까요?
또 우리가 먹은 식량의 양은 각각 처음에 가지고 있던 식량의 $\frac{1}{3}$ 씩이에요.
그러면 처음에 가지고 있던 식량은 얼마인지 구해 보세요.

먹은 양　　　　　처음에 있던 양

밀가루

먹은 양　　　　　처음에 있던 양

레몬에이드

먹은 양　　　　　처음에 있던 양

잼

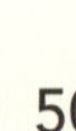

과일과 꽃이 가득한 보물섬

보물섬에 과일나무와 꽃이 얼마나 있는지 알아봐요.

바나나 나무, 코코넛 나무, 망고 나무가 있습니다.
바나나 나무는 100그루이고, 코코넛 나무는
바나나 나무의 $\frac{28}{100}$만큼 있어요. 망고 나무는 바나나 나무와
코코넛 나무를 합한 수의 $\frac{3}{8}$만큼 있어요.
각 과일나무의 수를 구해 보세요.

바나나 나무 _100_ 그루   코코넛 나무 _____그루

망고 나무 _____그루

신비로운 동굴로 이어진 오솔길에 꽃 800송이가 있어요.
그중 60%는 초록색 잎을, 나머지는 노란색 잎을 가지고 있습니다.
노란색 잎을 가진 꽃의 절반은 빨간색 꽃이고, 나머지 절반은 보라색 꽃입니다.
초록색 잎을 가진 꽃들은 주황색이거나 분홍색입니다.
분홍색 꽃은 주황색 꽃보다 100송이 더 적어요. 각 꽃의 개수를 구해서 꽃 옆에 적어 주세요.

동굴 속으로!

드디어 왕감자 해적단은 보물이 있는 동굴에 도착했어요.
동굴에 들어가기 위해서는 커다란 대왕 펠리컨의 3단 논법 수수께끼에 답해야 해요.
펠리컨의 말을 잘 읽고, 마지막 문장이 참인지 거짓인지 판별해 보세요.

(1) 모든 해적들은 용감하다.
어떤 사자들은 용감하다.
따라서 어떤 사자들은 해적이다.

참 / 거짓

(2) 모든 보물은 소중하다.
친구는 보물이다.
따라서 친구는 소중하다.

참 / 거짓

(3) 어떤 새들은 앵무새이다.
모든 앵무새는 화려한 깃털을 가지고 있다.
따라서 모든 새들이 화려한 깃털을 가지고 있지는 않다.

참 / 거짓

(4) 모든 해적들은 착하다.
해적은 선원이다.
따라서 모든 선원은 착하다.

참 / 거짓

보물 창고를 열어라!

보물 창고를 열기 위해서는 보석 5개를 둥근 자물쇠의 제자리에 갖다 놓아야 합니다.
옆의 단서를 읽고 알맞은 자리에 보석을 붙여 주세요.

어떤 보물이 기다리고 있을까요?
로마의 금화? 클레오파트라의 보석?
아니면 루이 14세의 다이아몬드? 으하하, 우린 부자예요!
아니, 이게 뭐지? 그냥 자루잖아? 엄청나게 큰데….

… 이럴 수가. 감자잖아!

더 풀어 보기

 분수는 소수로, 소수는 분수로 나타내 보세요.

1. $\dfrac{6}{10} =$ ☐

2. $\dfrac{37}{100} =$ ☐

3. $\dfrac{54}{100} =$ ☐

4. $0.3 = \dfrac{☐}{10}$

5. $0.9 = \dfrac{☐}{10}$

6. $0.29 = \dfrac{☐}{100}$

소수를 읽어 보세요.

7. 0.08
읽기 ______________

8. 0.17
읽기 ______________

9. 3.04
읽기 ______________

10. 5.26
읽기 ______________

11. ☐ 안에 알맞은 소수를 써넣으세요.

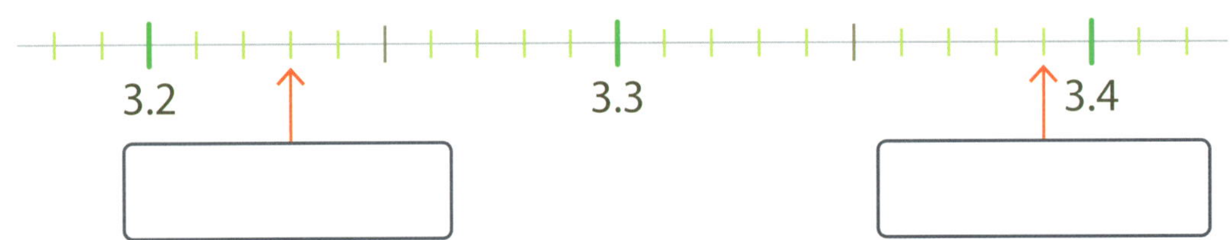

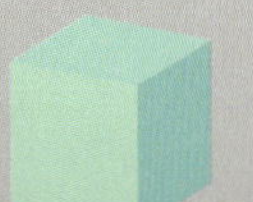

17

 □ 안에 알맞은 수를 써넣으세요.

12. 1.9는 0.1이 □ 개입니다.

13. 2.6은 □ 이 26개입니다.

14. 0.1이 13개이면 □ 입니다.

15. 0.1이 □ 개이면 4.5입니다.

16. 관계있는 것끼리 이은 것을 보고, □ 안에 알맞은 수를 써넣으세요.

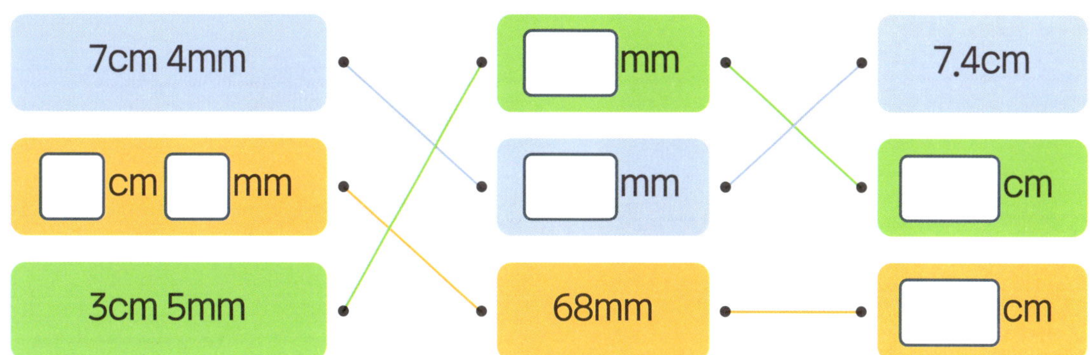

 두 소수의 크기를 비교하여 ◯ 안에 >, =, <를 알맞게 써넣으세요.

17. 0.4 ◯ 0.5

18. 0.8 ◯ 0.6

19. 0.18 ◯ 0.3

20. 0.72 ◯ 0.59

21. 1.37 ◯ 2.05

22. 5.81 ◯ 5.64

더 풀어 보기

 보기를 보고 ☐ 안에 알맞은 수를 써넣으세요.

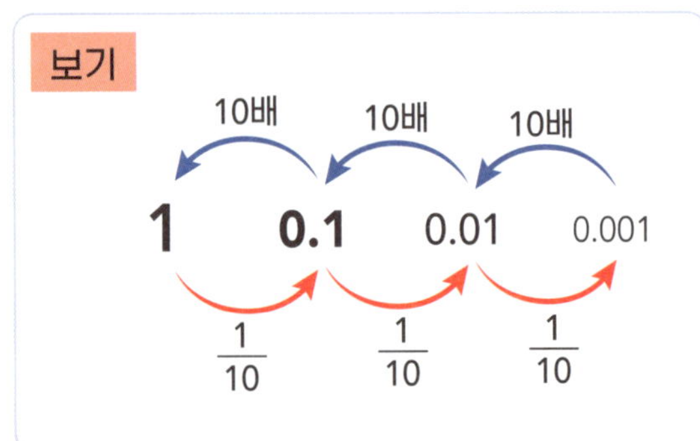

23. 0.01의 10배는 ☐ 입니다.

24. 1의 $\frac{1}{100}$ 은 ☐ 입니다.

25. 0.1은 0.001의 ☐ 배입니다.

 소수의 덧셈을 해 보세요.

26.
```
   0.4
 + 0.8
──────
```

27.
```
   1.65
 + 1.72
──────
```

28.
```
   2.892
 + 1.043
──────
```

29.
```
   8.24
 + 1.536
──────
```

30.
```
   4.761
 + 2.54
──────
```

31.
```
   3.007
 + 0.62
──────
```

 소수의 뺄셈을 해 보세요.

32.
```
   0.8
 − 0.3
──────
```

33.
```
   6.5
 − 2.9
──────
```

34.
```
   1.24
 − 0.96
──────
```

35.
```
   7.2
 − 6.78
──────
```

36.
```
   3.1
 − 1.47
──────
```

37.
```
   4.58
 − 3.6
──────
```

38. 0.5×3을 여러 가지 방법으로 계산한 것입니다. ☐ 안에 알맞은 수를 써넣으세요.

(1) 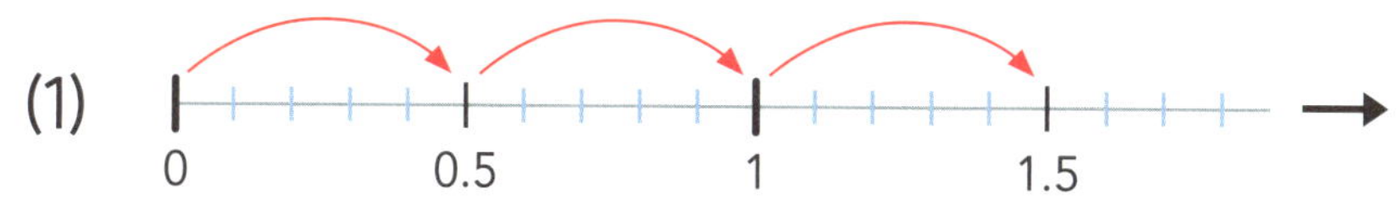

0.5×3 = ☐

(2) 0.5×3 = ☐ + ☐ + ☐ = ☐

(3) 0.5는 0.1이 ☐ 개입니다. 0.5×3은 0.1이 5개씩 ☐ 묶음이므로

0.1이 모두 ☐ 개입니다. → 0.5×3= ☐

 ☐ 안에 알맞은 수를 써넣으세요.

39. 5 × 7 = 35

$\frac{1}{10}$ 배 $\frac{1}{10}$ 배

5 × 0.7 = ☐

40. 4 × 6 = 24

$\frac{1}{10}$ 배 $\frac{1}{10}$ 배 $\frac{1}{100}$ 배

0.4 × 0.6 = ☐

 소수의 곱셈을 해 보세요.

41.
```
    0.2
×   0.3
───────
```

42.
```
    0.27
×    0.4
────────
```

43.
```
     4.6
×   0.12
────────
```

44.
```
    1 8
×   0.6
───────
```

45.
```
    9.3
×   2 5
───────
```

46.
```
     1.4
×    3.6
────────
```

47. 값이 같은 것끼리 이어 보세요.

32 × 18	•		•	0.576
3.2 × 1.8	•		•	576
3.2 × 0.18	•		•	5.76

 **알맞은 식과 답을 구해 보세요.**

48.

하경이는 매일 1.85km씩 달립니다. 하경이가 7일 동안 달린 거리는 모두 몇 km인가요?

식

답

49.

굵기가 일정한 철근 1m의 무게는 6.7kg입니다. 이 철근 3.5m의 무게는 몇 kg인가요?

식

답

50.

어떤 자동차는 1km를 달리는 데 0.08L의 휘발유가 필요합니다. 이 자동차가 4.2km를 달리려면 휘발유 몇 L가 필요한가요?

식

답

 표를 보고 물음에 답하세요.

남학생 수(명)	여학생 수(명)
14	16

51. 남학생 수와 여학생 수의 비를 써 보세요.

☐ : ☐

52. 남학생 수에 대한 여학생 수의 비를 써 보세요.

☐ : ☐

53. 비교하는 양과 기준량을 찾아 써 보세요.

비	비교하는 양	기준량
3 : 7		
14에 대한 5의 비		
16의 9에 대한 비		

 직사각형 모양의 액자를 보고 물음에 답하세요.

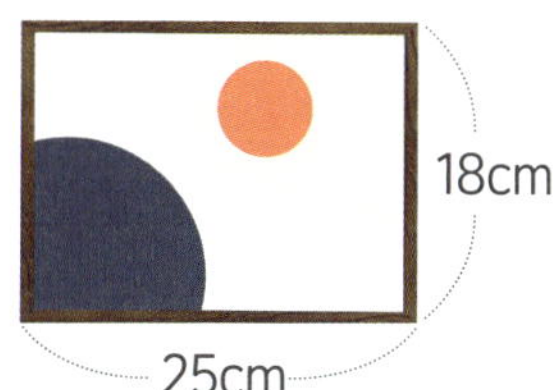

54. 가로에 대한 세로의 비율을 분수로 나타내 보세요.

____

55. 세로에 대한 가로의 비율을 분수로 나타내 보세요.

____

개념 확인

기준량을 100으로 할 때의 비율을 **백분율**이라고 합니다.
백분율은 기호 %를 사용하여 나타냅니다.

비율 $\frac{60}{100}$ 을 60%라 쓰고 60 퍼센트라고 읽습니다.

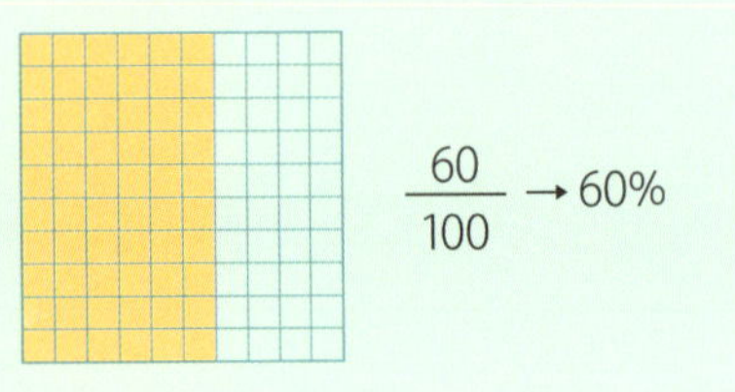

$\frac{60}{100}$ → 60%

 비율을 백분율로 나타내 보세요.

56. $\frac{3}{10}$ → ____________

57. 0.5 → ____________

58. $\frac{39}{100}$ → ____________

59. 0.16 → ____________

 전체에 대한 색칠한 부분의 비율을 백분율로 나타내 보세요.

60. 

____

61. 

____

62. 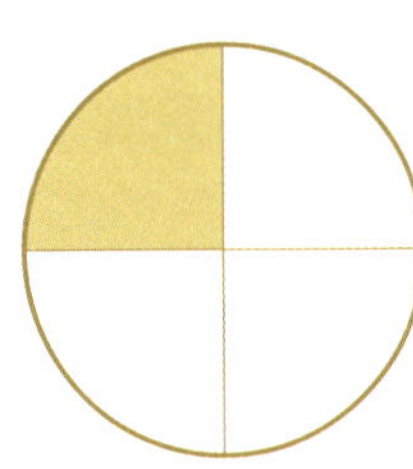

____

63. 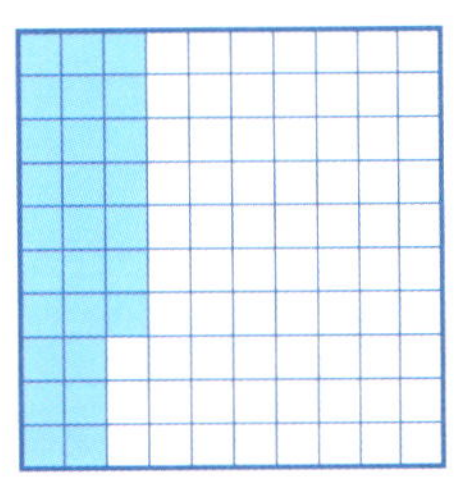

____

64. 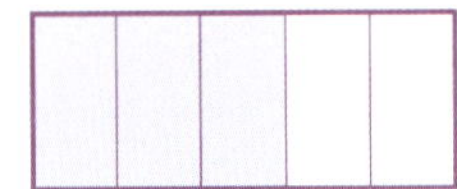

____

65. 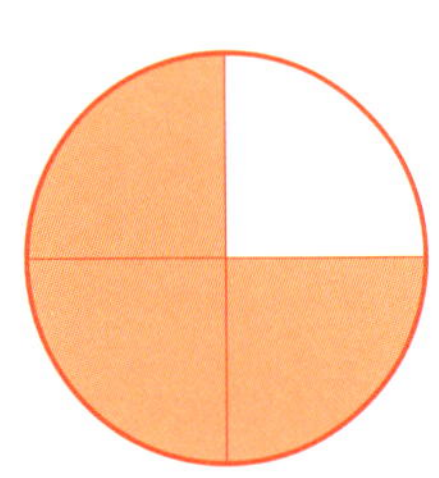

____

 백분율을 분모가 100인 분수로 나타내 보세요.

66. 45% ⟶ _______

67. 13% ⟶ _______

68. 57% ⟶ _______

69. 79% ⟶ _______

 백분율을 소수로 나타내 보세요.

70. 18% ⟶ _______

71. 54% ⟶ _______

72. 3% ⟶ _______

73. 30% ⟶ _______

 동호네 반에서 안경을 낀 학생 수를 조사하였습니다. 물음에 답하세요.

구분	안경을 낀 학생 수	안경을 끼지 않은 학생 수
학생 수(명)	15	10

74. 전체 학생 수에 대한 안경을 낀 학생 수는 몇 %인가요?

____

75. 전체 학생 수에 대한 안경을 끼지 않은 학생 수는 몇 %인가요?

____

9쪽

10~11쪽

12~13쪽

(1) 1243개 (2) 3435번 (3) 3532개 (4) 3242개
(5) 11707 (6) 17166 (7) 10716 (8) 7420
(9) 10770 (10) 5977

14~15쪽

예

17쪽

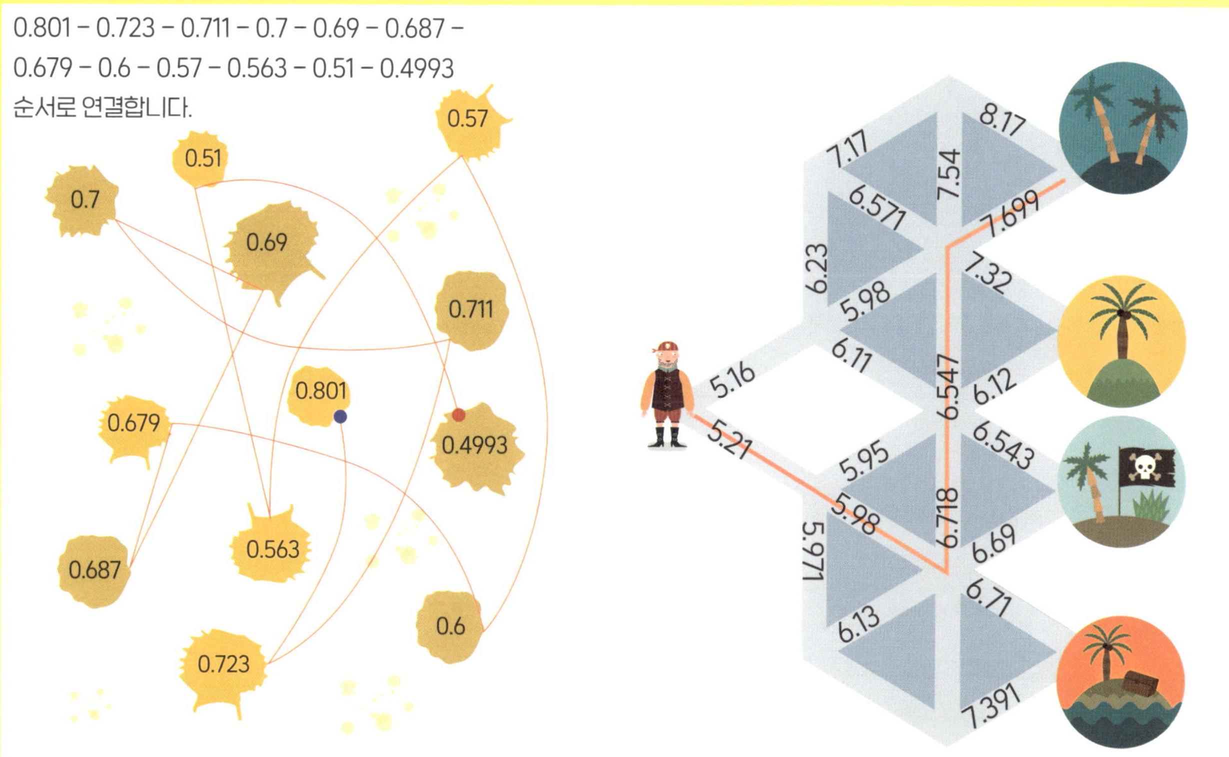

	1.2	1.3
1.6	0.7	0.9
0.9	0.5	0.4

	0.5	0.6
0.3	0.2	0.1
0.8	0.3	0.5

	1.1	0.4	
1.7	0.2	0.1	0.3
0.6	0.9	0.8	0.3	2
0.2	0.3	0.1	0.6
0.4	0.5	0.9	

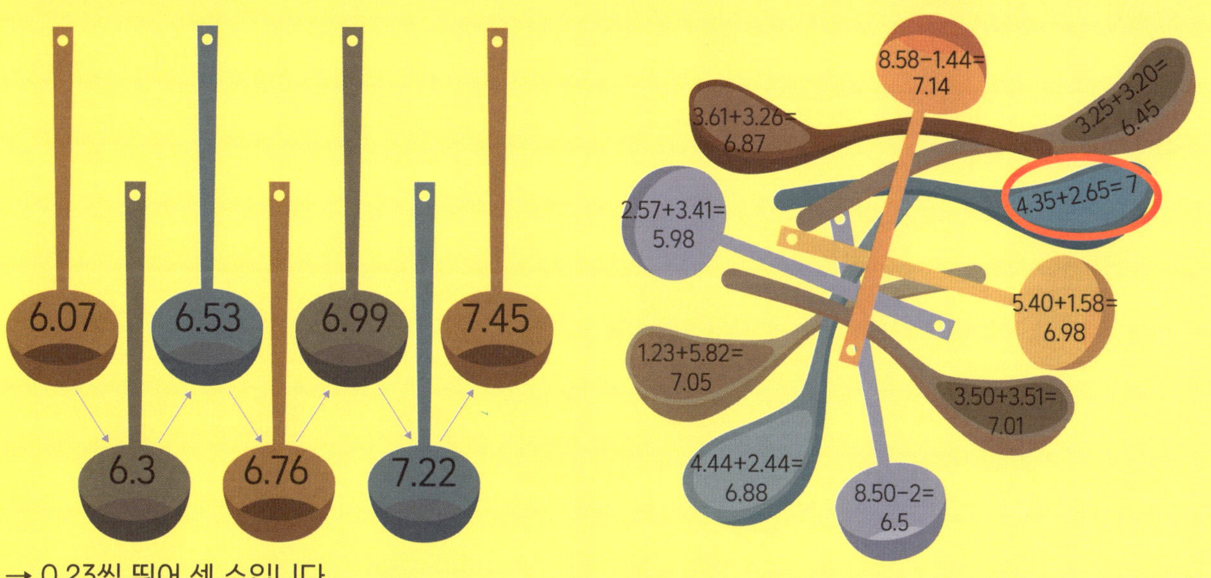

→ 0.23씩 뛰어 센 수입니다.

43점   50점   55점

삐실이 : 1.4점

왕감자 선장 : 3.1점
→ 15-11.9=3.1

구불탱 영감 : 9.2점

투실이 : 3.2점
→ 15-11.8=3.2

0.8+0.9+1.8= 3.5
3.5 〉 30이므로 충분하지 않아요.

2.5+0.9= 3.4
남은 돈: 5-3.4= 1.6
오렌지 주스를 살 수 있어요.

1.7+0.8+0.8+1.6= 4.9
거스름돈: 5-4.9=0.1

(1) 4   (2) 16   (3) 23   (4) 1   (5) 35   (6) 2   (7) 25   (8) 47   (9) 9   (10) 18

우승자: 투실이

(1) 세 가지 색깔의 구슬이 있으므로 적어도 구슬
   4개를 꺼내야 같은 색 구슬 2개가 나옵니다.
(2) 25봉지
(3) 110초 또는 1분 50초

(4) 세 자리 수: 100~999 : 900장
   네 자리 수: 1000~1995 : 996장
   → 네 자리 수의 추첨권이 당첨될 가능성이
   더 높아요.

24개

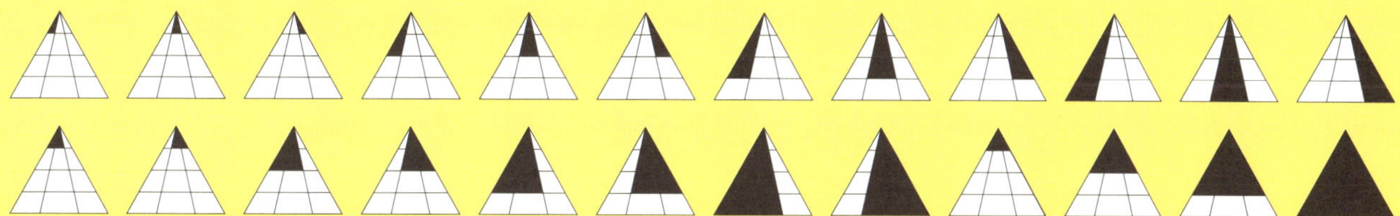

	13명의 해적	9명의 해적	12명의 해적	14명의 해적
검은 매 해적단	X	○	X	X
돌머리 해적단	X	X	○	X
붉은 눈 해적단	X	X	X	○
송곳니 해적단	○	X	X	X

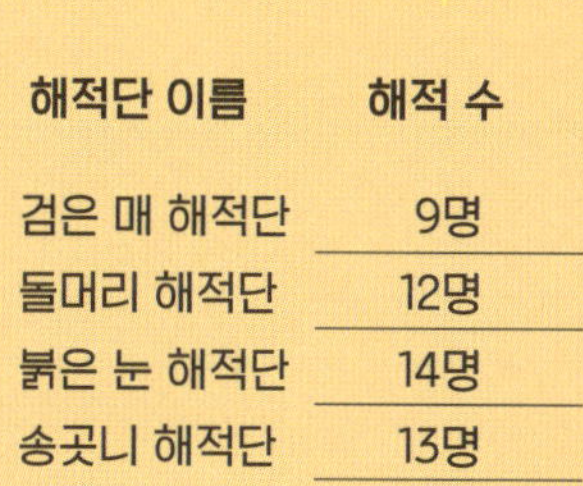

해적단 이름	해적 수
검은 매 해적단	9명
돌머리 해적단	12명
붉은 눈 해적단	14명
송곳니 해적단	13명

	해골 섬	폭풍 섬	저주받은 섬	이름 없는 섬	화산	악어	미로	식인 식물
검은 매 해적단	X	X	○	X	X	○	X	X
돌머리 해적단	X	X	X	○	○	X	X	X
붉은 눈 해적단	X	○	X	X	X	X	X	○
송곳니 해적단	○	X	X	X	X	X	○	X
화산	X	X	X	○				
악어떼	X	X	○	X				
미로	○	X	X	X				
식인식물	X	○	X	X				

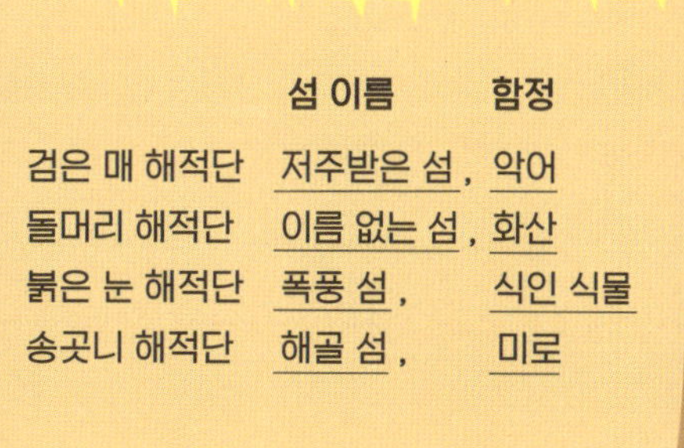

섬 이름	함정
검은 매 해적단	저주받은 섬 , 악어
돌머리 해적단	이름 없는 섬 , 화산
붉은 눈 해적단	폭풍 섬 , 식인 식물
송곳니 해적단	해골 섬 , 미로

사과 주스 $\frac{48}{100}$ = 48%   거위 깃털 $\frac{57}{100}$ = 57%   감자 $\frac{75}{100}$ = 75%   후추 가루 $\frac{63}{100}$ = 63%   밀가루 $\frac{56}{100}$ = 56%

40~41쪽

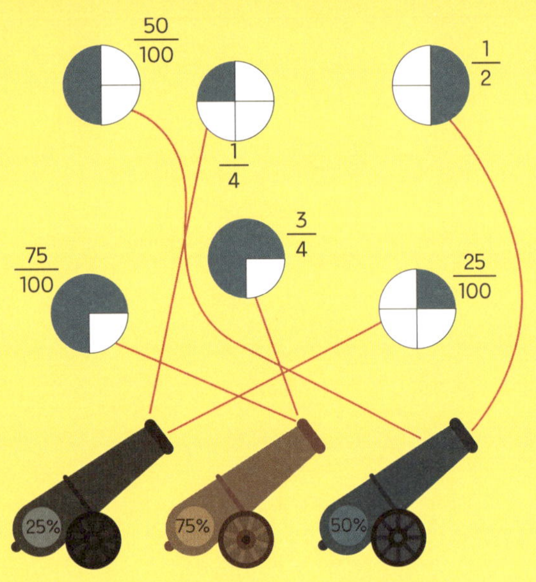

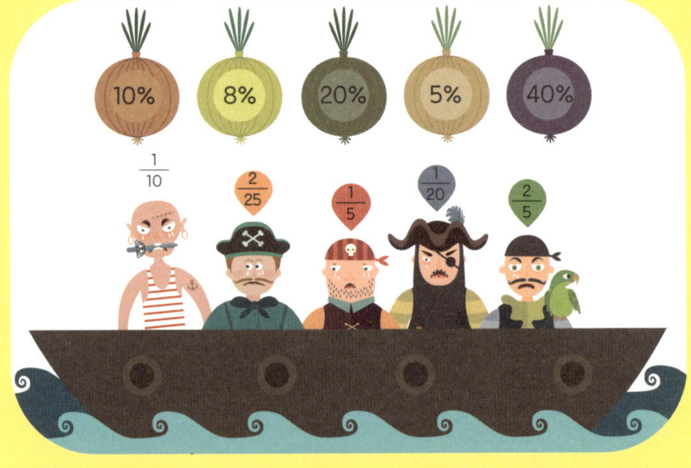

$\frac{1}{10} = \frac{10}{100} \rightarrow 10\%,$ $\frac{2}{25} = \frac{8}{100} \rightarrow 8\%,$ $\frac{1}{5} = \frac{20}{100} \rightarrow 20\%,$

$\frac{1}{20} = \frac{5}{100} \rightarrow 5\%,$ $\frac{2}{5} = \frac{40}{100} \rightarrow 40\%$

43쪽

45쪽

2	9	4
7	5	3
6	1	8

1	8	13	12
14	11	2	7
4	5	16	9
15	10	3	6

8	1	6
3	5	7
4	9	2

16	3	2	13
5	10	11	8
9	6	7	12
4	15	14	1

(1) 50% → $\dfrac{50}{100} = \dfrac{1}{2}$, 전체의 $\dfrac{1}{2}$ 이 17이므로 전체는 17×2 = 34(개)

(2) 25% → $\dfrac{25}{100} = \dfrac{1}{4}$, 전체의 $\dfrac{1}{4}$ 이 7이므로 전체는 7×4 = 28(그루)

(3) 10% → $\dfrac{10}{100} = \dfrac{1}{10}$, 전체의 $\dfrac{1}{10}$ 이 120이므로 전체는 12×10 = 120(마리)

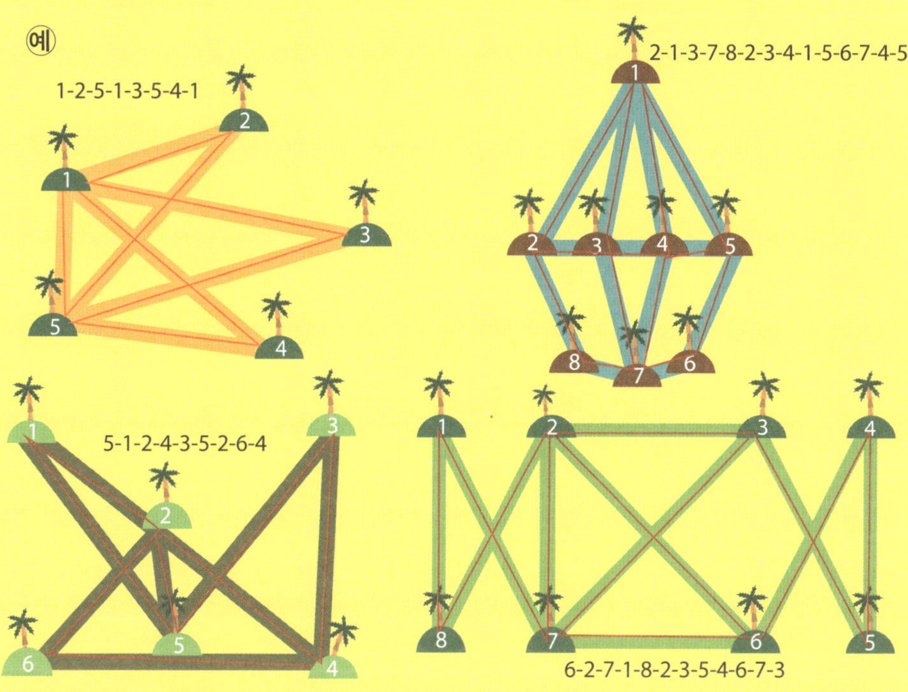

	먹은 양	처음에 있던 양
밀가루:	32÷4×2=16(봉지),	16×3=48(봉지)
레몬에이드:	32÷8×12=48(병),	48×3=144(병)
잼:	32÷2×2=32(병),	32×3=96(병)

바나나 나무: 100그루

코코넛 나무: 100의 $\dfrac{28}{100}$ → 28그루

망고 나무: 128의 $\dfrac{3}{8}$ → 48그루

빨간색 꽃: 160송이

보라색 꽃: 160송이

주황색 꽃: 290송이

분홍색 꽃: 190송이

(1) 거짓 (2) 참
(3) 참   (4) 거짓

빨간색이 어디에서 시작하든
시계 방향으로 빨강 → 파랑 → 초록 → 보라 → 노랑 순서이면
정답입니다.

54쪽

1. 0.6　2. 0.37　3. 0.54　4. 3　5. 9　6. 29
7. 영점영팔　8. 영점일칠　9. 삼점영사　10. 오점이육
11. (왼쪽부터) 3.23, 3.39

55쪽

12. 19　13. 0.1　14. 1.3　15. 45

16.

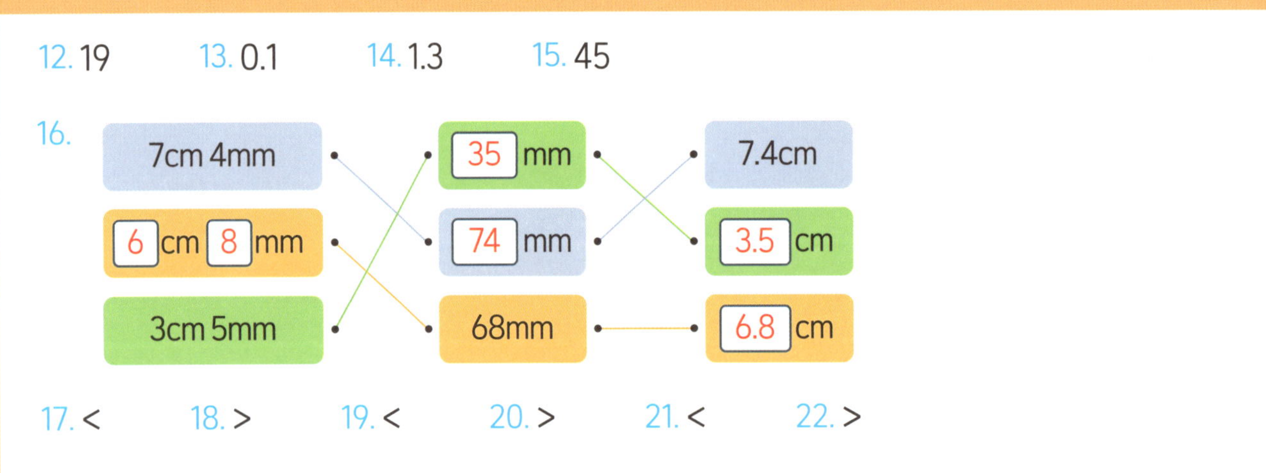

17. <　18. >　19. <　20. >　21. <　22. >

56쪽

23. 0.1	24. 0.01	25. 100
26. 1.2	27. 3.37	28. 3.935
29. 9.776	30. 7.301	31. 3.627
32. 0.5	33. 3.6	34. 0.28
35. 0.42	36. 1.63	37. 0.98

57쪽

38. (1) 1.5　(2) 0.5, 0.5, 0.5, 1.5
　　(3) 5, 3, 15, 1.5
39. 3.5　40. 0.24
41. 0.06　42. 0.108　43. 0.552
44. 10.8　45. 232.5　46. 5.04

47.

48. 1.85×7=12.95, 12.95km

49. 6.7×3.5=23.45, 23.45kg

50. 0.08×4.2=0.336, 0.336 L

59쪽

51. 14 : 16

52. 16 : 14

53.

비교하는 양	기준량
3	7
5	14
16	9

54. $\dfrac{18}{25}$

55. $\dfrac{25}{18} = 1\dfrac{7}{18}$

60쪽

56. 30%

57. 50%

58. 39%

59. 16%

60. 40%

61. 20%

62. 25%

63. 27%

64. 60%

65. 75%

61쪽

66. $\dfrac{45}{100}$

67. $\dfrac{13}{100}$

68. $\dfrac{57}{100}$

69. $\dfrac{79}{100}$

70. 0.18

71. 0.54

72. 0.03

73. 0.3

74. 60%

75. 40%

수빠맨 과 함께하는 초등 수학 학습 로드맵

쉽고 재미있게 초등 수학 전 과정을 배워 보세요.

초등 수학 교육 과정

수와 연산	도형과 측정
변화와 관계	자료와 가능성

영역	권	권 제목	세부 영역	학습 주제	권장 학년	학습 내용
수와 연산 기본	1	숫자 영웅들의 수학 모험	수와 연산	·수 ·도형 기초	1학년	·0에서 9까지 수 익히기 ·여러 가지 선 알기 ·평면도형 개념 알기 ·도형의 안과 밖 깨치기
	2	덧셈 뺄셈 몬스터 왕국	수와 연산	·덧셈과 뺄셈 기초	1학년	·두 자리 수 익히기 ·모양과 크기가 같은 도형 찾기 ·덧셈식과 뺄셈식의 기초
	3	나무마니 마을의 더하기 빼기	수와 연산	·덧셈과 뺄셈 심화	1학년	·세 수의 덧셈식과 뺄셈식 ·100까지 수 익히기 ·좌표 읽기 기초 ·묶어 세기
	4	곱셈구구 나라의 비밀	수와 연산	·곱셈과 나눗셈 기초	2학년	·곱셈구구 ·곱셈식과 나눗셈식 ·복잡한 계산식 쉽게 풀기
	5	사칙연산 바다를 지켜라	수와 연산	·사칙연산 기초	2학년	·연산 규칙 찾기 ·여러 가지 방법으로 복합 사칙연산 하기 ·덧셈과 뺄셈의 관계를 식으로 나타내기
	6	곱셈 공장 수리 작전	수와 연산	·사칙연산 심화	2학년 ~ 4학년	·곱셈·나눗셈 세로식 풀이 ·곱셈의 교환법칙과 결합법칙 ·약수와 배수 ·나눗셈의 몫을 곱셈식으로 구하기

영역	권	권 제목	세부 영역	학습 주제	권장 학년	학습 내용
수와 연산 심화	7	곱셈 나눗셈으로 요리를 뚝딱	수와 연산	· 곱셈과 나눗셈 심화 · 분수 기초	3학년 ~ 5학년	· (몇십)×(몇)을 구하기 · (몇십)÷(몇)을 구하기 · 똑같이 나누기 · 분수로 나타내기 · 단위분수 개념
	8	분수 도둑을 잡아라	수와 연산	· 분수	3학년 ~ 5학년	· 분자와 분모 · 크기가 같은 분수 만들기 · 분수 크기 비교 · 분수 계산
	9	소수 해적단의 바다 탐험	수와 연산	· 소수 · 백분율	3학년 ~ 6학년	· 소수 개념 · 소수 크기 비교 · 소수 계산 · 백분율 개념과 분수를 백분율로 치환하기
	10	수학 마법의 성에서 규칙 찾기	수와 연산	· 사고력 연산	2학년 ~ 5학년	· 수 배열 규칙 찾기 · 읽고 이해해서 푸는 문해력 연산 · 연산식으로 암호 풀기 · 연산 미로

영역	권	권 제목	세부 영역	학습 주제	권장 학년	학습 내용
도형과 측정, 변화와 관계, 자료와 가능성	11	공룡을 재는 여러 단위	측정	· 길이 · 들이 · 무게 · 시간	2학년 ~ 3학년	· 길이, 넓이, 무게, 들이의 단위 · 기호를 숫자로 나타내기 · 시간과 시계 읽는 법 · 섭씨 온도와 화씨 온도
	12	규칙 유령이 사는 집	변화와 관계	· 규칙과 추론	2학년 ~ 4학년	· 수 배열 규칙 추론 · 계산식에서 규칙 추론 · 무늬에서 규칙 추론 · 도형의 배열에서 규칙 추론
	13	도형과 함께 우주 탐험	도형	· 도형 · 공간	3학년 ~ 6학년	· 선의 종류(선분과 직선) · 각과 직각 · 평면도형 · 정다면체 · 대칭이동과 회전이동, 평행이동
	14	숫자와 그래프로 마을을 구하라	자료와 가능성	· 그래프 · 집합	3학년 ~ 6학년	· 표와 그래프 읽기 · 자료 조사와 표, 그래프로 나타내기 · 벤 다이어그램과 집합 · 비례식

글 | 린다 베르톨라

밀라노 가톨릭 대학교에서 외국어를 전공했습니다. 학교 안팎에서 특수 교육이 필요한 학생들을 위한 교육 및 학습 지원에도 관심이 많으며, 다문화 교사로도 활동하고 있습니다. 현재는 재미있는 수학 학습법을 열정적으로 연구하며 지내고 있습니다.

그림 | 아그네세 바루치

ISIA(최고예술산업연구소)에서 그래픽을 공부했습니다. 2001년부터 일러스트레이터이자 작가로 활동하고 있으며 청소년을 위한 책들을 출판했습니다.

감수 | 송용진

한국을 대표하는 위상수학자입니다. 서울대학교 수학과를 졸업하고 미국 오하이오주립대에서 박사학위를 받았습니다. 오랫동안 영재교육과 수학올림피아드에 대한 일을 해 왔으며 지금은 국제 수학올림피아드 선출직 위원(IMO Board Member)으로 활동하고 있습니다. 쓴 책으로 《수학은 우주로 흐른다》, 《영재의 법칙》, 《수학자가 들려주는 진짜 논리 이야기》 등이 있습니다.

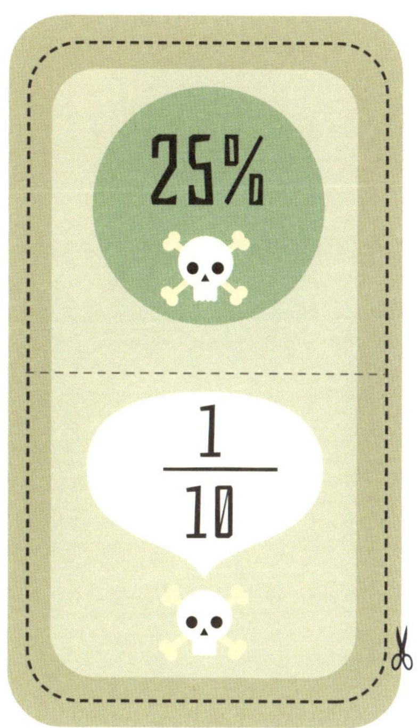

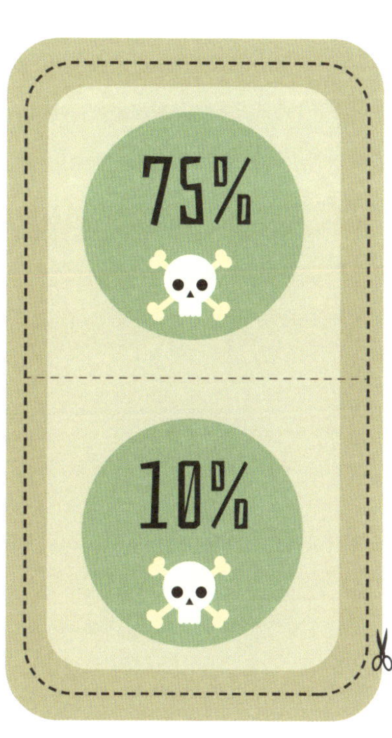

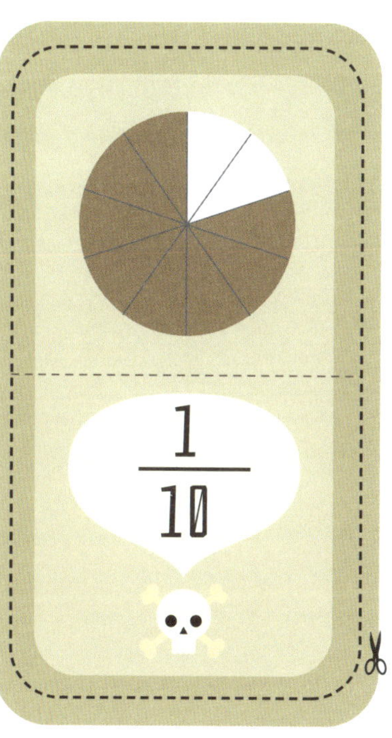

10
100

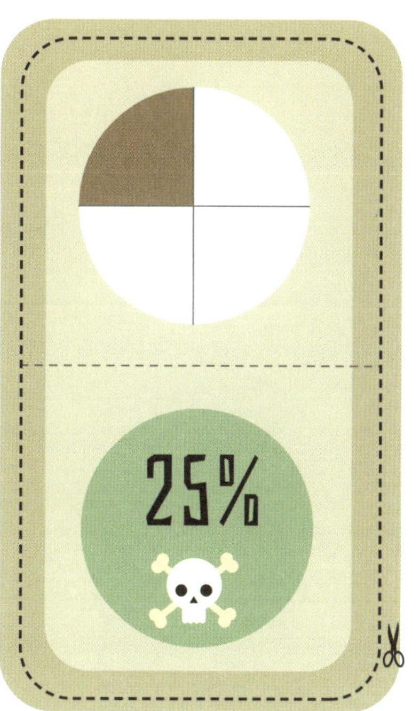
25%

40%
1
4

1
2
25
100

3
4

8
10
1
4

4/4
25/100

40/100
40%

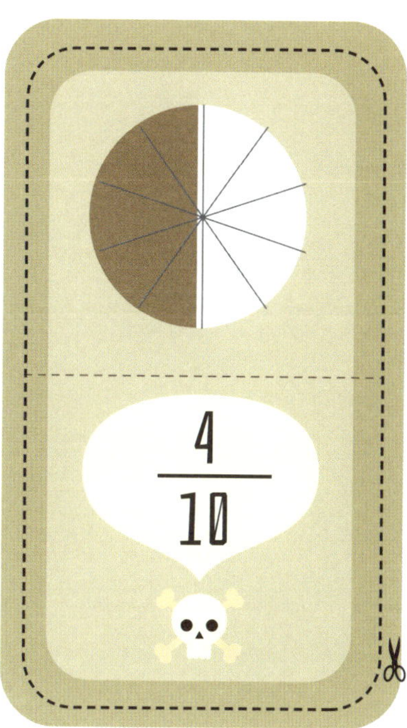

4/10

75/100
40/100

80/100

100/100

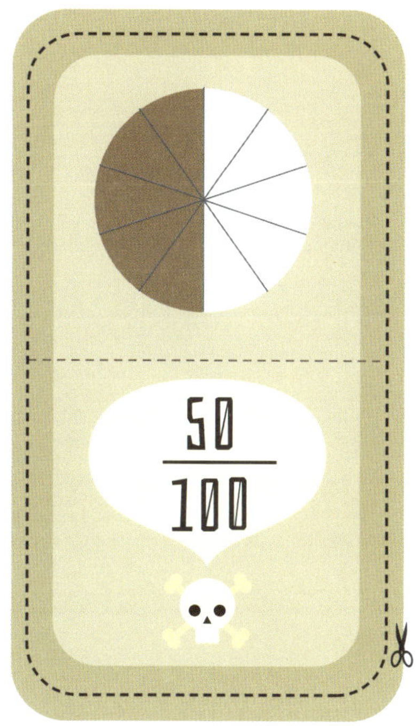

50
100

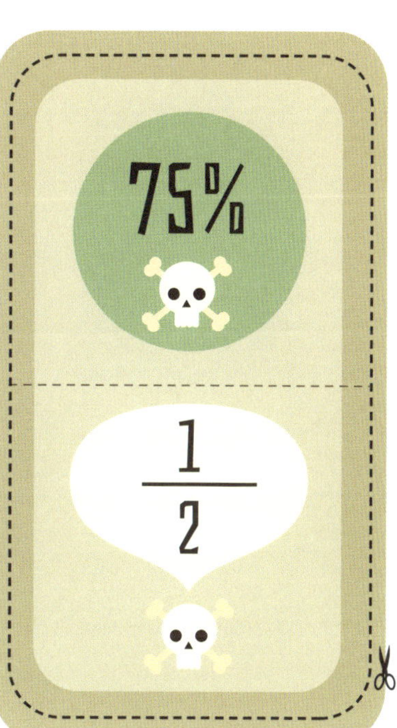

75%
1
2

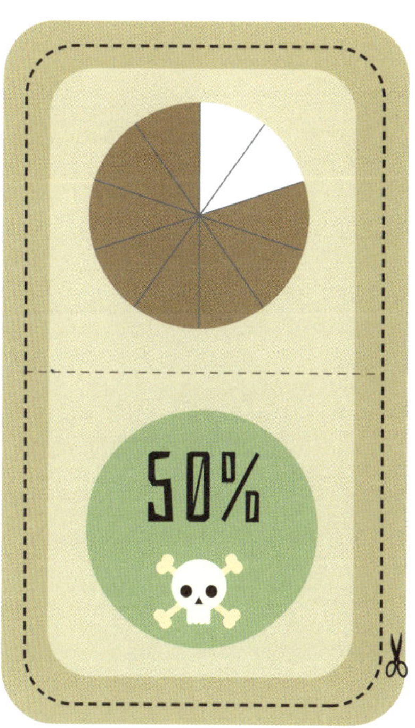

50%

50
100

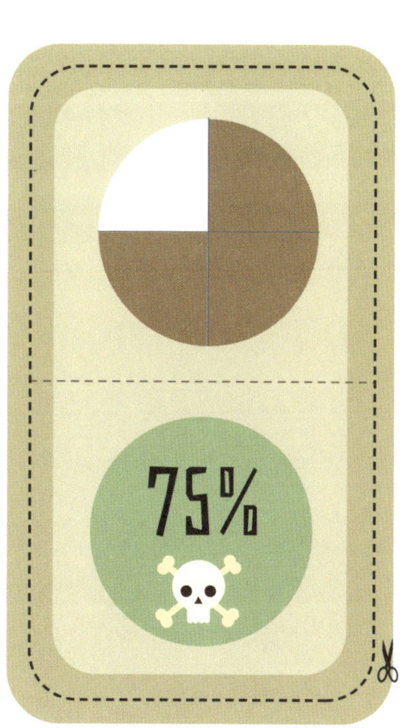

75%

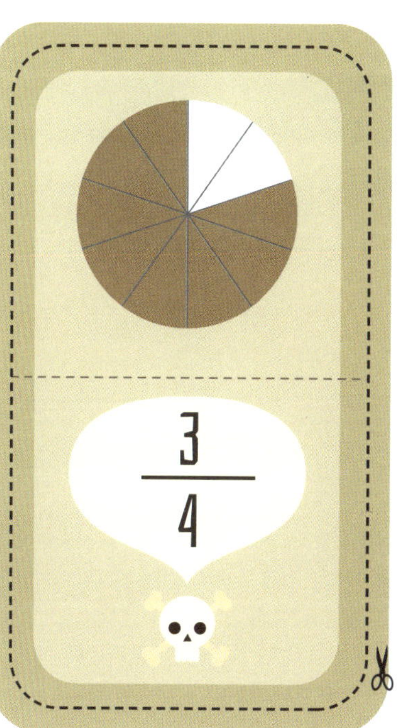

3
4

53쪽: 보물 창고를 열어라!

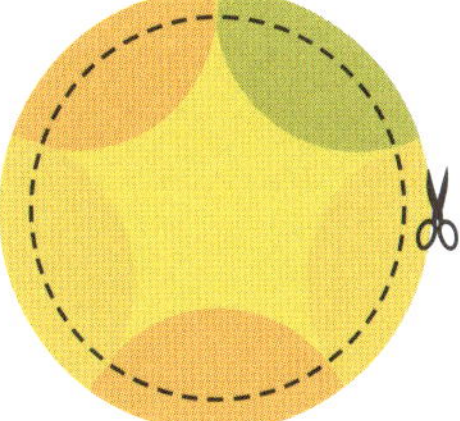

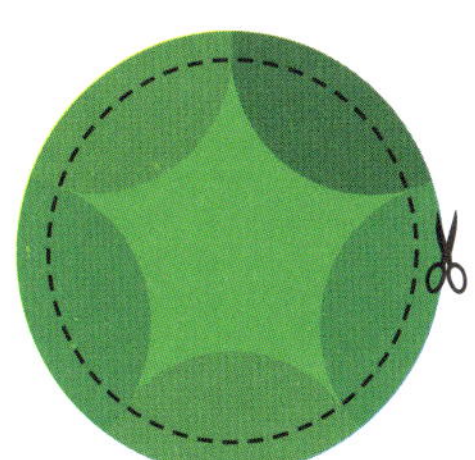

해적 이름표

 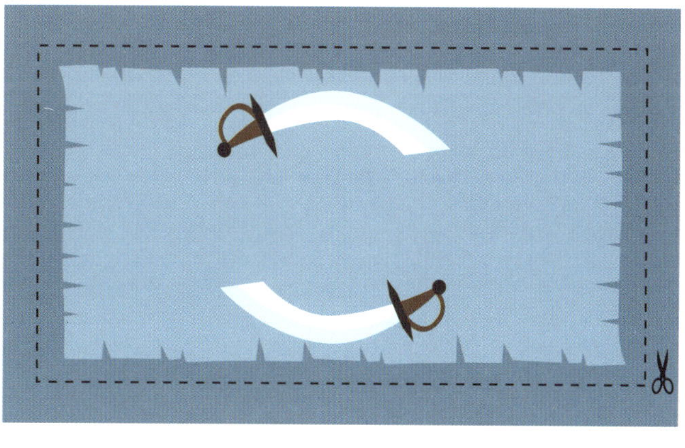

10~11쪽: 어떤 가게로 가야 하지?

대장간

양복점

목공소

곡물 가게

방앗간

14~15쪽: 자, 출발이다!

12 kg

5 kg

3 kg

7 kg

9 kg

4 kg

3 kg

7 kg

6 kg

1 kg

2 kg

1 kg

17쪽: 국자를 찾아서!

25쪽: 다트 내기

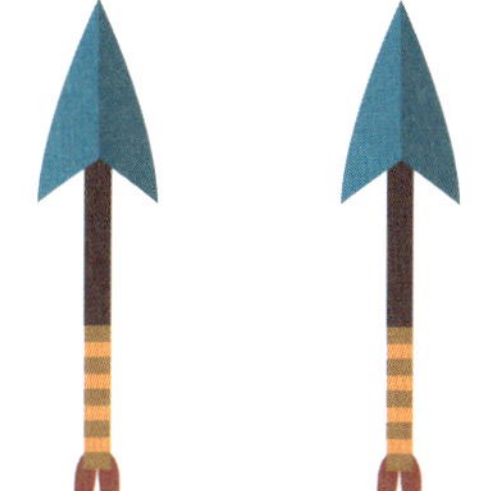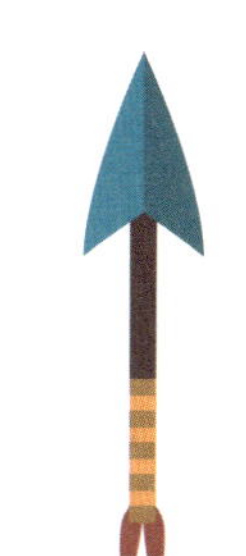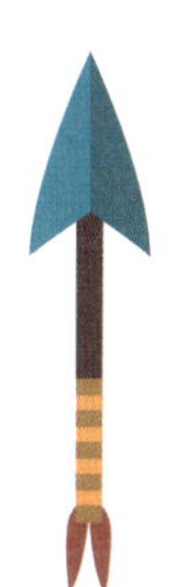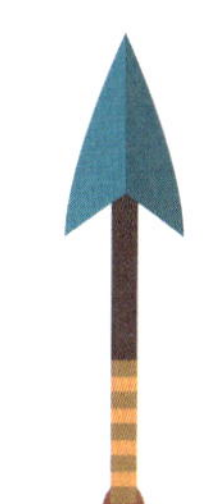

41쪽: 비장의 무기, 양파!

10%

5%

20%

40%

8%